丛书编委会

主　编：顾逸东

副主编：侯中喜　姜鲁华　徐忠新

编　委：宁　辉　段登平　陆伟宁　刘　毅

　　　　杨希祥　杨宇明　谭惠峰　朱立宏

　　　　宋笔锋　王勋年

临近空间低速飞行器系统与技术丛书

太阳能飞机
高空长航时飞行关键问题

Solar-powered Aircraft
The Crucial Problem about the High-altitude Long-endurance Flight

侯中喜　高显忠　郭　正　朱炳杰　著

科 学 出 版 社
北 京

内 容 简 介

本书介绍了太阳能飞行器在平流层高度跨昼夜长期运行所面临的关键问题，分析了比照传统飞行器设计模式开发高空长航时太阳能飞行器所存在的瓶颈和障碍，阐述结合环境能源利用与飞行过程的飞行器设计方法，系统分析基于重力势能存储和梯度风能量获取的创新解决思路对太阳能飞行器高空长航时飞行性能的影响。本书主要为从事太阳能飞行器设计的研究者提供拓展飞行器性能边界的思路、建立重点技术攻关方向的参考，以及研究创新总体设计技术的支撑。

本书适合高等院校飞行器设计专业高年级本科生和研究生使用，也可供从事飞行器设计工作的科研人员和工程技术人员参考。

图书在版编目(CIP)数据

太阳能飞机：高空长航时飞行关键问题/侯中喜等著. —北京：科学出版社，2021.12

（临近空间低速飞行器系统与技术丛书）

ISBN 978-7-03-070845-8

Ⅰ. ①太⋯　Ⅱ. ①侯⋯　Ⅲ. ①太阳能-飞行器　Ⅳ. ①V272

中国版本图书馆 CIP 数据核字 (2021) 第 261711 号

责任编辑：刘信力　杨　探／责任校对：杨　然
责任印制：吴兆东／封面设计：无极书装

科学出版社 出版
北京东黄城根北街 16 号
邮政编码：100717
http://www.sciencep.com
北京虎彩文化传播有限公司 印刷
科学出版社发行　各地新华书店经销
*
2021 年 12 月第 一 版　开本：720 × 1000　1/16
2021 年 12 月第一次印刷　印张：13
字数：240 000

定价：138.00 元
（如有印装质量问题，我社负责调换）

丛 书 序

临近空间 (Near Space) 主要指高于一般航空器的飞行高度，而又低于一般航天器轨道高度的空间区域，其高度和自然环境特殊，与传统航空航天范畴存在较大差异，是人类科学技术和空间利用认知水平达到一定程度的产物。

临近空间概念自 2003 年就陆续在多篇学术文章中出现，但较为系统完整的阐述是在 2005 年 1 月美国一篇《临近空间——空间效果赋能器》的研究论文中，当时研究主要围绕利用 20km 附近存在较为稳定的低速风带特征，关注可能实现年量级区域保持能力的临近空间低速飞行器，期望未来可实现较大区域覆盖能力的信息保障能力，高空太阳能飞机和平流层飞艇是两个重点发展方向，其高价值应用能力也被形象地称为"平流层卫星"。

世界各国高度关注临近空间的未来应用期望和战略地位，积极布局和开展临近空间与临近空间飞行器研究。但由于该区域大气密度较低，如按照国际标准大气数据，20km 高度大气密度约为海平面的 1/14，50km 约为万分之八，这使得飞机因无法获得足够的气动升力而难以抵达；而有大气就有大气的阻力，大气阻力的耗散作用又使卫星速度迅速衰减，进而导致陨落。长久以来，传统航空和航天领域设计师很难设计出适合临近空间环境可靠飞行器的飞行器，成为人类有待开发和利用的新领域。

自 2004 年，我国就系统地开展了临近空间的体系布局和技术攻关研究，还曾经在名称上翻译为"近空间"还是"临近空间"进行了争论，也曾就区域上限和下限的具体数值定义进行了多轮争论；特别是在临近空间概念界定之初，我国科学家就将高超声速飞行器纳入其中，将临近空间典型飞行器拓展为低速和高速两大类，而美国在 2006 年后才逐步有了这些认识。上述工作都反映了我国临近空间领域研究的活跃性，也反映了我国一批科研工作者活跃在该领域研究和发展的前沿。

时间上我国临近空间研究与世界各国站在同一起跑线上，且经过多年攻关研究，取得了较为系统全面的发展，形成了一些有我国特色需求的技术路线，掌握了一批核心关键技术，部分方向已经走在了世界的前列。但与美国相比，仍存在工业基础和基础研究薄弱、技术攻关和创新能力欠缺、集成测试和试验验证能力不足等问题，这对我国抢占临近空间新型战略空间，形成新型应用能力，推动国民经济和社会发展产生严重影响。

由于临近空间系统研究的时间较短，到目前为止世界范围内还没有形成完整独立的研究体系，也较少有应用成熟的产品，这给我国在该领域实现突破性发展，引领世界创造了新机遇。临近空间利用也带来了新挑战，给我国基础科学研究带来了创新前沿牵引，对空天领域多学科交叉发展有着巨大的推动作用，对催生新的技术和产业链提供了新契机，对促进国民经济发展和军事应用带来了更为广阔的空间。

要实现临近空间在世界范围内的领先地位，人才培养和知识积累是重要的基础和保障。当前我国独立从事临近空间领域研究的人员较少，多为原航空、航天范畴科研人员转改，技术基础薄弱，系统培训不足；加之，临近空间还未形成独立的学科专业，新一代人才培养模式没有与临近空间快速发展的形势相匹配，专门的临近空间体系化基础书籍已成为制约人才培养的核心因素之一。

科学出版社审时度势规划建设"临近空间低速飞行器系统与技术丛书"，期望将我国在临近空间领域最新研究成果及时总结，做好知识积累的体系谋划和人才培养推动的基础支撑。本丛书重点关注临近空间低速飞行器的设计、研发、测试、试验、使用、维护等环节的关键技术，着重讲述相关基础科学和重难点问题，计划为临近空间领域低速部分的科研工作者提供较为系统完整的基础知识参考，为后续有计划开展临近空间研究的高年级本科生和研究生提供教材或辅导书。

本丛书围绕临近空间低速飞行器的总体设计、材料与结构、再生循环能源、动力与推进、动力学与控制、环境适应性与环控、试验场与测控、临近空间环境等方向规划丛书建设，并且结合快速发展的技术及时更新，初步计划再用 5 年的时间完成第一批丛书的建设，填补世界范围内没有专门临近空间系列丛书的空白，树立中国在该领域基础知识传播的文化自信，计划再用 5 年的时间完成丛书的体系优化和改版，形成较为完善的临近空间低速方向的研究基础丛书。该丛书的出版，特别是系列中文书籍的出版，功在当代，利在千秋，将更有利于我国科技工作者和学生的快速成长，可为我国临近空间领域的开发和利用奠定坚实的基础。

本丛书的组织工作得到了国家重大专项管理部门的大力支持，得到了国内该领域优势单位的积极响应，得到了一批高水平专家学者的鼓励和参与，在此一并表示衷心的感谢！

丛书编委会成员主要是按照丛书重点专业方向，由国内该方向资深专家学者构成，后续也期待有越来越多的专家投入丛书编写和编审工作，进一步提升丛书的广度和深度，推动我国临近空间领域工作形成体系，实现国际一流的发展目标，为建设世界一流国家做贡献。

2019 年 7 月

前　言

　　高空长航时 (high altitude long endurance，HALE) 飞行能力是人类航空技术追求的终极目标之一，真正意义上的 HALE 飞行是在临近空间持久巡航。利用太阳能是实现 HALE 飞行最具潜力的技术途径。受储能电池技术发展的限制，目前制约 HALE 太阳能飞行器发展的瓶颈问题是如何在满足储能电池质量约束的条件下，实现飞行器昼夜能量平衡。本书以临近空间太阳能飞行器为研究对象 (如无特殊说明，本书中飞行器即指飞机)，以解决飞行器昼夜巡航中能源供需矛盾为目标，充分利用飞行器飞行区域内的环境特征增长飞行航时，达到使用最少的储能电池实现昼夜巡航的目的。在分析制约飞行器长航时飞行的关键约束的基础上，论证太阳能飞行器采用基于重力势能储能和基于梯度风能量获取实现 HALE 飞行的可行性，并提出具体实施建议和方案。

　　基于重力势能储能的 HALE 飞行基础问题研究有如下方面。

　　首先，对重力滑翔运动特征进行了分析并对最优重力滑翔路径的性质进行了系统研究。最优重力航迹规划问题就是在动力学方程约束和气动参数约束的条件下，如何寻找下降单位高度条件下飞行器飞行时间最长的航迹。在提出一种估计哈密顿方程中协状态变量方法的基础上，该问题可利用高斯伪谱法进行求解。为分析太阳能飞行器初始高度和速度对飞行器航时性能的影响，对飞行器在 $0 \sim 30km$ 高度，$0.4 \sim 1.2$ 升力系数的飞行包线范围内的最长航时滑翔轨迹进行了考察。研究结果表明，虽然目前太阳能飞行器还不能实现大尺度的重力滑翔，但可以采用重力滑翔的方式减少飞行器携带储能电池的质量。

　　其次，研究了基于重力势能储能的航迹规划方法以及采用重力势能储能的最优化轨迹。以小型的 1:4 太阳能试验验证机为例，通过分析太阳能飞行器推力和能量的性质，可以将太阳能飞行器最优轨迹的计算方法进行化简。研究结果显示基于重力势能的储能方法对于太阳能飞行器长航时飞行具有重要意义，对应于最大功率因子的升力系数是最优长航时轨迹升力系数的近似值。该方法对基于重力势能储能的太阳能飞行器航迹规划问题具有指导和参考意义，可为设计太阳能飞行器的工作模式提供参考。

　　然后，对太阳能飞行器初始设计阶段所需携带的储能电池质量与飞行轨迹联合优化方法进行了研究。设计了一种包括粒子群算法和高斯伪谱法的二级优化方法，对储能电池质量及飞行航迹进行联合优化。高斯伪谱法用于生成给定储能电池质量条件下的最小能量消耗轨迹,粒子群算法用于计算飞行器所需携带的最小储能电池质量。研究结果显示,通过所提的二级优化方法可以将飞行器跨昼夜飞行所需携带的储能电池质量从 16kg 降低到 13.6kg,这相当于将储能电池的能量密度提升了 19.7%。所提出的优化算法可以将飞行器的设计参数和航迹参数逻辑清楚地联系起来,为理解飞行器参数设计优化问题提供了一个新的角度。

接着,对基于重力势能储能的能源管理策略进行了研究,提出一种新的适用于太阳能飞行器的能源管理策略。该策略将太阳能飞行器的航迹分为三段,在第一段,一部分太阳能存储于储能电池,另一部分太阳能存储于重力势能。在第二段,飞行器通过重力滑翔释放所存储的重力势能。在第三段,飞行器利用储能电池中的能量保持平飞巡航。本书为每一段飞行航迹设计了相应的能源管理策略,研究结果显示,采用所提的能源管理策略,太阳能飞行器可始终保持在 16km 以上高度的跨昼夜飞行,使得飞行器在夜间的能量消耗也大为降低。相比目前依靠储能电池储能的平飞巡航能源管理策略,本书所提出的能源管理策略在昼夜飞行过程中可减少大约 23.5% 的能量消耗。

最后,对重力势能储能与储能电池储能的等价性问题进行了分析和讨论。通过定义航时因子,对太阳辐照时长、储能电池充电速率、储能电池能量密度和初始飞行高度四个影响长航时飞行性的主要关键因素进行了分析。研究结果显示,太阳辐照时长的增长、储能电池充电速率的增大、储能电池能量密度的提升以及初始飞行高度的增加都会导致航时因子的降低。但是,储能电池能量密度对飞行航时的影响表现在两个方面,一方面是在没有达到最大可用电量时,能量密度的提升可增加存储的电量;另一方面是在达到最大可用电量时,能量密度的提升可减小所需的储能电池从而降低平飞时所需的功率消耗。本书的研究内容可为太阳能飞行器实现 HALE 飞行提供基本设计原则和分析方法。

基于梯度风能量获取的 HALE 飞行基础问题研究有如下方面。

首先,对梯度风动态滑翔运动特征进行分析,在此基础上提出了一种实施最优动态滑翔航迹的简化方法。第一,建立无人飞行器的动力学模型并采用 GPOPS 软件对最优动态滑翔航迹进行求解;第二,对最优动态滑翔航迹进行分析,将最优动态滑翔航迹分为四段,采用简化方程对四段航迹的特征进行描述;第三,基于对四段航迹的分析结果,得到简化动态滑翔航迹的方法。研究结果显示,基于特征的描述方法所生成的动态滑翔航迹可以体现最优动态滑翔航迹的变化趋势。

其次,从能量转换的角度对动态滑翔能量获取的过程进行分析,同时也讨论了其能量获取功率和效率。对常值梯度风条件下的四种动态滑翔航迹类型以及能量转化过程进行了讨论和研究。结果显示:在相同的条件下,弯曲形动态滑翔航迹的周期普遍短于椭圆形动态滑翔航迹。不同的动态滑翔类型所对应的能量获取效率并不相同,对于弯曲形动态滑翔航迹,将从梯度风中获取的富余能量存储在动能中比存储在重力势能中要更有利,而对于椭圆形动态滑翔航迹,将从梯度风中获取的富余能量存储在重力势能中比存储在动能中更有利。这些工作可为分析动态滑翔的能量获取过程提供基本方法和手段。

然后,对梯度风场估计方法进行研究,并提出了一种新的方法对环境中的梯度风强度进行估计:将风场强度参数视为飞行器动力学模型中的未知参数,然后将估计风场强度参数的问题转换为估计无人飞行器动力学模型中未知参数的问题。接着,针对具有高斯特性的非线性动力学模型,采用增广粒子滤波 (argument particle filter) 方法对其中的未知参数进行估计。研究结果显示,所提的增广粒子滤波框架可以有效地实时估计出风场的强度参数,比常用的扩展 Kalman 滤波方法具有更高的精度、可靠性和稳定性。

接着,研究了梯度风对 HALE 飞行的影响,并将该问题归纳为飞行器在上升阶段所能达到的最大高度问题和飞行器在重力滑翔阶段所能支撑的最长滑翔时间的问题,然后以此分别分析梯度风方向和大小对爬升及下降阶段的影响。仿真结果显示:当梯度风强度为 $0.05 < \beta < 0.1$ 时,在爬升阶段,从梯度风中所获取的能量能够补偿飞行器爬升过程中阻力所消耗能量的 $12\% \sim 25\%$;在滑翔阶段,可以补偿飞行器阻力所消耗能量的 $10\% \sim 20\%$。这对于补偿飞行器阻力所消耗的能量来说是非常可观的。同时也说明,如果高空中的梯度风场能够得到合理的利用,将对太阳能飞行器的 HALE 飞行带来积极的影响。

最后,对动态滑翔的应用前景与挑战进行了分析。在对动态滑翔技术的发展历史进行回顾的基础上,对无人飞行器动态滑翔技术未来可能的应用和发展的挑战进行了分析。分析结果表明,尽管目前通过自主导航与控制的方式从梯度风中获取能量还面临着诸多挑战,但该技术依然被视为未来为无人机飞行器提供能量的有效途径之一,尤其是在一些特殊的环境中进行长航时飞行时。梯度风在海平面附近和高空大气中分布广泛,其中蕴含的能量巨大。可以预期,随着无人飞行器技术的发展,从梯度风中提取能量具有光明的发展前景。

本书的研究工作可为太阳能飞行器 HALE 飞行以及拓展航空应用技术边界提供理论依据。

作　者

2021 年 8 月

目　　录

第 1 章 绪 论

1.1 研 究 背 景

具有年量级持久区域驻留能力的临近空间太阳能飞行器可以替代卫星，执行持久监视、侦察、通信和环境监控等任务。由于此类飞行器具有持久区域巡航、可重复使用、低制造和使用成本、高观测分辨率，因此在军事和民用领域的应用需求日益迫切，已经引起了世界各主要航空大国的高度关注 [1]。近十多年来，太阳能飞行器在飞行高度、续航时间、载荷重量和自主控制能力方面获得了突飞猛进的技术进步 [2]。有代表性的飞行器有美国航空环境公司在美国国家航空航天局 (NASA)"ERAST" 计划中研制的 "探路者"(Pathfinder)、"探路者＋"(Pathfinder Plus)、"百夫长"(Centurion)、高空型太阳神原型机 (Helios HP01) 及长航时型太阳神原型机 (Helios HP03)[3,4]；英国奎奈蒂克 (QinetiQ) 公司研制微风 (Zephyr 3～Zephyr 7) 系列样机 [5,6]。"太阳神" 无人机在 2001 年 8 月 13 日创造了 96863ft(1ft=3.048×10^{-1}m) 的巡航飞行高度纪录；Zephyr 无人机 (UAV) 在 2008 年 7 月实现飞行高度 62000ft、续航时间 82h 的高空长航时 (high altitude long endurance，HALE) 飞行，Zephyr 7 型无人机则于 2010 年 7 月实现了 70000ft 飞行高度、14d 21min 的超长续航时间。其他在研的类似飞行器有美国国防部高级研究计划局 (DARPA) 提出的 "秃鹰"(Vulture)[7]，意大利和英国联合开发的太阳能飞行器 "HELIPLAT"[8]，以及苏黎世瑞士联邦理工学院与欧洲宇航局合作设计的 "天空使者号" 和 NASA 研究中心研发的依靠太阳能源在金星上进行持续飞行的 Venus 飞行器 [9] 等。

这些太阳能飞行器的研制和试验，推动了太阳能飞行器高空长航时飞行的关键技术的进步，但人类至今没有一架太阳能飞行器能够实现真正意义上的高空长航时飞行。太阳能飞行器 Sky-sailor 的总设计师 Noth 博士 [10]，在总结了自 1973 年以来历史上有纪录的近百架太阳能飞行器的总体设计参数后认为，太阳能飞行器设计中除了要考虑常规飞行器设计侧重的升重平衡和推阻平衡外，最为关键的是必须考虑飞行器昼夜能量平衡，因为太阳能飞行器只有在实现昼夜能量平衡的条件下才能实现真正意义上的高空长航时飞行。因此，太阳能飞行器实现高空长航时飞行的关键在于如何将白天获取的能量存储起来供夜间使用，以及飞行器除太阳能外，是否有可能从环境中获取其他能量。对于富余太阳能的存储，航空工程界通常采用储能电池来实现 [11]，但是由于短时间内难以突破的储能电池技的限制，目前能够批量制造且性能稳定的锂–硫电池能量密度 (energy density) 也还不到 300W·h/kg，即使在未来 10 年储能电池能量密度可能达到 350W·h/kg 的条件下 [12]，太阳能飞行器能够保持昼夜持久巡航的最大飞行高度也只有 12km 左右 [13,14]，这与理想的 20km 的飞行高度相距甚远。在可预见的能源系统技术水平下，如何实现太阳能飞行器的高空长航时飞行已经成为当前航空界亟待解决的难题。

反观自然界，例如，鹰 (hawk)、军舰鸟 (frigate bird)、信天翁 (albatross) 等鸟类可以在不扑动或极少扑动翅膀的情况下实现长距离甚至环球飞行 [16,17]，它们是从哪里获取的动力呢？又是如何将这些能量存储起来供持续使用的呢？在生物学家和航空学家的共同努力下，人们认识到，鹰、军舰鸟等是利用上升气流进行滑翔，它们通过爬升高度提高重力势能来存储上升气流提供的动能，然后通过重力滑翔飞向下一个存在上升气流的区域，进而实现持久飞行 [18]。而信天翁 (图 1-1) 的飞行方式稍显复杂，通过近 130 年的研究，这一秘密才逐渐随着 *Science* 的报道而被揭示出来 [19]。信天翁是利用海面上的大气环境中存在梯度风的特点，通过一种特殊的滑翔技巧从梯度风场中获取能量从而实现持续飞行，这一现象被称为动态滑翔 (图 1-2)。信天翁的翼展 2.5~3.5m，质量 8~10kg，展弦比 12~16，翼载荷与当前成功试飞的太阳能无人飞机接近。如果无人飞机能够像信天翁一样实现无动力长距离飞行，这将对飞行器的设计、发展和应用带来深刻变革及深远影响。

图 1-1 信天翁飞行图片

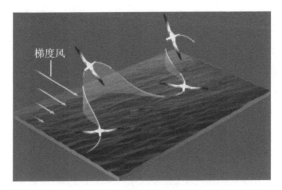

图 1-2 信天翁动态滑翔航迹 [15]

基于此种考虑，本书拟从仿生学、运动生物力学的角度，对鸟类依靠重力势能进行能量存储、梯度风进行能量提取的现象进行深入研究，分析太阳能飞行器采用重力势能储能和梯度风动态滑翔的方式，实现高空长航时飞行的条件和策略。本章研究利用重力势能和梯度风进行动态能量的存储与提取的基础科学问题，为解决太阳能飞行器高空长航时飞行过程中的能源供需矛盾提供一种新的思路和途径。

1.2 高空长航时太阳能飞行器研究概况

从太阳能电池问世以来,人们就梦想着采用这种用之不竭的能源作为飞行器动力,特别是近 20 年来,美国、英国、瑞士、意大利等国家,分别开展了以太阳能作为能源的高空长航飞行器计划。这些项目的开展,提升了总体设计水平,牵引了能源、推进、结构等行业的进步,有力地促进了太阳能飞行器的发展。但由于该类飞行器对特殊的飞行环境以及能源的苛刻需求,并受限于轻质结构及高效能源系统的发展水平,目前各方飞行器近期仍处于飞行演示验证阶段,且朝着更长航时、更高飞行安全性、更大载荷能力的方向发展,并且随着相关关键技术水平的不断发展,如储能电池比能的大幅提高、高性能复合材料的广泛应用,高空长航时太阳能飞机技术越来越趋于成熟。

1.2.1 "ERAST" 研究计划

1994 年,NASA 和工业部联合开展 ERAST 计划 [20],旨在发展高空长航时无人机技术,用来验证相关载荷和用于大气研究的传感器的能力,解决无人机的验证和操纵问题,证明高空长航时太阳能飞行器在科学、市政和民用中的作用,促进美国无人机领域的蓬勃发展。对于 ERAST 联盟中的公司 (包括美国航空环境 (Aerovironment) 公司等),NASA 实施计划的方式是制定了 "共同研究协议"。

该计划共发展了五代太阳能飞行器,分别是 Pathfinder、Pathfinder Plus、Centurion、Helios HP01 及 Helios HP03。图 1-3 为 Pathfinder 到 HP03 的 5 个飞行器的相关尺寸。

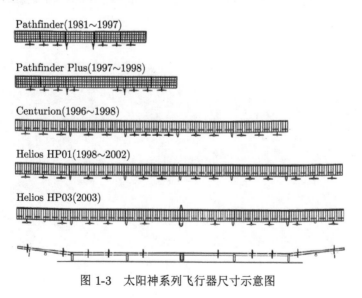

图 1-3 太阳神系列飞行器尺寸示意图

2000~2001 年，Helios HP01 通过结合新的航电设备、高空环空系统，以及新的太阳电池阵 (62000 个太阳能单元)，2001 年 8 月从太平洋导弹试验基地起飞，飞行器飞行到 96863ft(29.5km) 的高度，创造了飞翼飞行器持续水平飞行的高度纪录。

2003 年 6 月 26 日长航时原型机 Helios HP03 进行了试飞，如图 1-4 所示，但该飞行器在起飞后不久就在飞行试验中遭遇低空强湍流而解体[21] (图 1-5)，此后项目终止。事后，NASA 对事故原因进行了详细的分析，结果认为从低空到高空的过程中，对流层复杂的环境条件是影响太阳能飞行器结构安全性的主要影响因素之一。此后，工作重点转移到再生能源系统和大型轻质结构等方面。

图 1-4 飞行中的 Helios HP03

图 1-5 Helios HP03 遭遇低空强湍流解体

1.2.2 "Zephyr" 研究计划

Zephyr 系列轻质高空长航时太阳能飞行器是由英国 BAE 系统公司 (由英国航空航天公司和马可尼电子系统公司合并而成) 和 QinetiQ 公司联合研制，目标是发展一种全天候高空远程自主飞行系统，可供军民两用 [22]。民用型可以执行地面监视 (如农作物调查、森林防火、水资源保护、边界控制等)、通信中继、遥感、地图测绘、大气遥感等任务；军用型将用于低成本的长期留空战场监控任务，预计将在 18km 以上的高空执行拍摄和数据转发任务，每次升空可以至少连续飞行 3 个月以上。

Zephyr 无人飞行器计划先后发展了 Zephyr 2～Zephyr 7 六种主要型号。其中，Zephyr 7(图 1-6) 从 2010 年 7 月 9 日开始，连续飞行 336h 21min，飞行高度达到 21.6km，巡视了美国陆军位于亚利桑那州的尤马试验场。国际航空联合会 (FAI) 的一名官员见证了 Zephyr 的航行过程，并确信其航行稳定，打破了多项世界纪录，包括其自己保持的最长时间无人飞行非官方纪录。在不停顿和不加油的情况下，Zephyr 比任何其他飞机的飞行时间要长。它超过了 Rutan Voyager 飞机 1986 年创造的 9d 3min 24s 的连续飞行纪录。

图 1-6　Zephyr 7 太阳能无人飞行器系统

1.2.3 "Vulture" 研制计划

Vulture 计划是由 DARPA 在 2007 年启动的一个高空超长航时无人侦查飞行器项目 [7]。该项目要求无人飞行器系统能携带 450kg 任务载荷，5kW 电源，在 20～30km 的同温层高空不经停地飞行 5 年，并在同温层的典型风力环境下 99% 的时间能保持在预定航线上，从而为美国提供一种不依靠国外基地或维修站的长期监视能力，这种无人机虽然飞行速度很慢，但可以预先部署在站位上，随时对任务做出响应。本质上 "Vulture" 是种能够像卫星一样进行监视和通信中继的飞行器，但是它不受轨道力学的限制，可以在临近空间的高度上监视半径为 500km 的范围。同时，它在通信能力上可以给卫星带来 65dB 的改善，大大增加了机载传感器的分辨率。

DARPA 认为，研制这种大型太阳能无人飞行器的技术挑战是巨大的，包括系统可靠性、封闭能量循环、平台气动布局和结构效率，以及防止在临近空间长期飞行条件下的材料降解技术等。NASA 的 "太阳神" 太阳能高空无人机采用了在翼展长达 75m 的平直大展弦比机翼上装 65000 片太阳能电池板的布局。这种布局很适宜在阳光充足的夏威夷上空使用，即使在早晨阳光不是很强烈的时候，这些太阳能电池也可以为飞机提供 10kW 的电能，使飞机能够爬升，到中午时分，电池提供的电能高达 40kW，飞机能以 30~50m/s 的巡航速度飞行，而且有足够的电能储存用于晚上飞行。但是问题在于世界上大多数地方远离赤道，特别在高纬地区的冬季，四分之三的时间都是晚上，飞行的能量几乎都需要来自自身存储的能源，平直大展弦比机翼太阳能电池板的方案就很难适应这种环境的飞行需要。

Vulture 计划于 2008 年 4 月 17 日开始第一阶段工作，NASA 分别和极光飞行科学公司、波音公司和洛克希德马丁公司签订了合同，要求他们各自提出概念设计方案。经过第一阶段的筛选，最终 DARPA 选择了波音公司和 QinetiQ 公司合作所制定的方案 "SolarEagle"，如图 1-7 所示。波音公司表示，他们的方案将和 QinetiQ 公司在 "Zephyr" 的技术上进行研制。2010 年 9 月，DARPA 授予波音第一期资助，计划在 2014 年开展飞行试验，试验飞行器展长约 120m，计划持续飞行时间超过 1 个月。

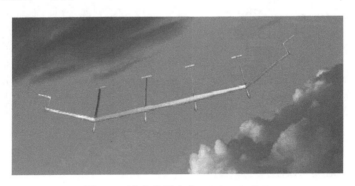

图 1-7 波音公司方案 "SolarEagle"

1.2.4 其他太阳能飞机研究计划

此外，瑞士、美国、意大利、英国等开展了中低空及小型太阳能飞行器计划，目前主要集中于长航时飞行验证阶段。

瑞士 "阳光动力号"(Solar Impulse) 作为世界上第一架完全由太阳能提供动力的载人飞机在应用太阳驱动方面取得了巨大进展 [23]。2011 年 5 月 13 日，"Solar

Impulse" 从瑞士西部小镇起飞，飞越法国和卢森堡两国上空，在 3600m 的海拔连续飞行了 13h 后，于当晚在布鲁塞尔国际机场平稳着陆。"Solar Impulse" 的动力装置由太阳能电池组、直流电动机、减速器、螺旋桨和控制装置组成，如图 1-8 所示。为了获取足够的太阳能，飞机上有较大的铺设太阳能电池片的上部分表面积，因此机翼面积较大，约 240m²。该飞机翼展约 64m，与空中客机 A340 等大型飞机相当，但大量采用碳素纤维复合材料，质量只有 1600kg，约 1.2 万片太阳能电池板覆盖机翼和尾翼，负责采集太阳能，飞机底部也装有太阳能光电板，用于接收发射光，机身还装有 400kg 重的超薄锂电池，用于储存太阳能转化成的电能，供飞机在夜间飞行时使用。

图 1-8　飞行中的 "Solar Impulse" 太阳能飞机

"Solar Impulse" 飞机可以进行昼夜飞行。安排飞机在日出时起飞，高度逐渐上升，在上升过程中，太阳能系统转换的电能一部分为飞机提供飞行动力，另一部分为超薄锂电池充电；在飞机攀升到 9000m 或更高的高空时，蓄电池已经充满电荷；日落后，飞机飞行高度和蓄电量都达到峰值，飞机使用蓄电池中的电荷为飞机提供飞行动力，同时高度开始下降至 1500m，以减少能耗。只要操作得当，蓄电池中的电量足以支撑到第二天日出之时。"Solar Impulse" 太阳能飞机，其创造性的设计和出色的表现展示了太阳能飞行器研究的可行性和未来巨大的应用价值。

欧盟开展高空长续航平台计划——Heliplat，计划要在 20~30km 高空建立低价格的飞行载荷平台，飞行数周或更长时间，主要应用于通信、遥感和科学考察等，研制的高空飞行平台 Heliplat 可组成 HELINET 网络，可提供的服务包括互联网和 e-mail、电话和数据传输、电视会议、广播电视等[24]。研制经费由意大利航天局 (ASI) 支持，意大利负责总体设计并进行平台设计，西班牙和英国负责平台构造和电机配置。英国 YORK 大学负责定位、环境监测和广播通信等的应用系统研究，瑞士参与环境监测，匈牙利和西班牙负责网络通信，斯洛文尼亚负责导航通信。

Heliplat 气动外形选用单翼、双尾撑、大尺寸水平尾翼和两个垂直尾翼构型，机体大量使用复合材料，如图 1-9 所示。该飞行器设计翼展 73m，机翼面积 176m²，根梢比 3, 全机质量 816kg, 有效载荷 100kg, 巡航速度每小时 71km。该机能源系统由高效单晶硅太阳能电池和燃料电池组成, 推进系统配置 8 台直流无刷电机, 以提高系统可靠性。研究人员已经制作了缩比的技术验证机用于设计方案的评估。

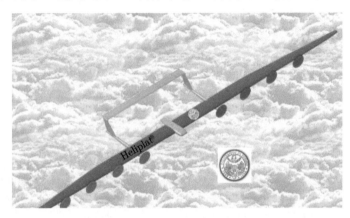

图 1-9 Heliplat 外形示意图

　　除上述大型太阳能飞行器之外, 许多国家还开展了一些低空小型的太阳能飞行器计划, 旨在以小型飞行器作为牵引, 发展总体设计、闭环能源系统、轻质结构等关键技术, 验证长航时太阳能飞行器技术。美国 2005 年研发的 "So long" 无人机完全由太阳能提供能量, 最久飞行时间为 24h, 这架飞机翼展为 4.75m, 质量为 10.8kg, 遥感控制及探测范围为 8000m[25]。Sky-sailor 飞行器是由苏黎世技术研究中心研发的, 作为一款适用于未来太空探测的飞行器模型, 这架无人机质量为 2.6kg, 翼展为 3.2m, 最长连续飞行时间超过 27h[26]。NASA 研发的 Venus 是携带减速伞的、具备探测性任务的无人机 [27], 能量来源主要是太阳光, 飞行速度达 95m/s, 飞行高度为 65~75km, 它的设计目标是成为依靠太阳能源在金星上持续运行的飞行器, 在这样高度上的大气压力基本类似于金星地面的飞行压力。这几种小型太阳能飞行器外形如图 1-10 所示。

So long   Sky-sailor   Venus

图 1-10 几种小型太阳能飞行器外形图

1.3 相关领域研究进展

1.3.1 重力势能储能

1. 基于重力势能储能的航迹规划方法

人们很早就观察到了鸟类利用重力势能储存能量的现象，但并没有进行深入的研究。首次对这一现象进行理论分析的是 Pennycuick[18]，他从鸟类在上升气流中不断增加飞行高度，将动能存储到重力势能当中，然后通过重力滑翔的方式实现无动力飞行的现象出发，通过鸟类的升阻特性将飞行高度与滑翔距离联系起来，进而提出能量高度 (energy height) 的概念，将鸟类飞行过程中所用的所有能量进行统一的分析和描述。Pennycuick 的研究揭示了重力势能储能方式与飞行器升阻比之间的重要关系，其结果也被广泛地应用到麻雀春季迁徙行为[28]、鸟类分布范围限制[29]、鸟类迁徙过程中栖息地的重要性[30,31] 等方面的研究。也正因为重力势能储能的效率与飞行器的滑翔性能和滑翔方式有着重要的联系，近年来对滑翔性能的研究成为生物学界和航空学界的新热点。Willis 等[32] 研究了动物滑翔过程中的最优滑翔轨迹，发现稳态滑翔的结论并不适用于动物的短距离滑翔，当动物的升阻比稍大于稳态滑翔的升阻比时，短距离滑翔的距离最长。Muijres 等[33] 介绍了一种新的分析鸟类振翅滑翔过程中气动、飞行性能的方法。Vrugt 等[34] 通过对鸟类滑翔性能的分析，采用 Pareto 前缘分析方法研究了鸟类迁徙过程中飞行时间和能量使用之间的关系。这些研究拓展了人们对重力势能储能方法的认识，对飞行器采用重力势能储能方式飞行具有一定的指导意义。

太阳能飞行器的功率主要由飞行航迹决定，航迹和能量需求之间呈强耦合关系。J. K. Shiau 和 D. M. Ma[15] 在飞行器设计阶段便意识到这一问题，并对飞行器设计参数和飞行航迹同时进行了优化。Klesh 和 Kabamba[35-38]、S. Spangelo 和 E. Gilbert[39] 以及 D. M. Ma[40] 等也意识到太阳能飞行器的飞行航迹与其能量消耗情况存在着密切的联系，并尝试利用轨迹优化的方法实现太阳能飞行器的持久飞行。其研究结果表明，航迹规划对太阳能飞行器的飞行航时具有重要影响，但是他们并没有关注太阳能飞行器如何在夜间进行飞行的问题。

德国慕尼黑工业大学航空飞行力学研究所的 G. Sachs 教授，也是一个研究鸟类飞行运动的科学家和爱好者，他在 2009 年的一篇文章中，首次提出采用重力势能储能的方法实现太阳能飞行器的昼夜巡航[41]。通过采用定升阻比假设，以实现飞行器昼夜巡航的储能电池质量最小化的优化目标，进行的仿真结果显示，太阳能飞行器采用重力势能储能的方法后，甚至可以在不使用储能电池的情况下实现昼夜巡航，但是飞行器夜间滑翔高度需要从 20km 降到 2km 左右，考虑到对流层中复杂的大气环境，这个高度下限在实际工程中是不可取的，需要对飞行器在滑翔过程中的多工作点状态进行研究并优化滑翔轨迹。

2. 基于重力势能储能的飞行器设计参数与航迹优化方法

在过去的几十年里，很多常规飞行器的设计方法和技术被发展及应用到高空长航时太阳飞行器的设计过程中。Altman[42] 建立了一个用于太阳能飞行器概念设计和综合的程序，以确定飞行器的关键设计参数。Baldock 和 Dehghan[1] 为太阳能飞行器设计者提供了一个简单的方法来确定飞行器初始参数，实现高空长航时飞行的可行性。在总结了自 1974 年以来的 415 个有纪录的太阳能飞行器设计参数后，Sky-sailor 计划的设计师 A. Noth 等 [9,13] 将太阳能飞行器设计参数之间的关系总结为一个设计变量相互耦合的问题：一方面太阳能飞行器的功率消耗由飞行器的结构质量、储能电池质量及载荷质量和功率决定；另一方面飞行器在给定日期和地点的一日可用太阳能功率又决定了飞行器可支撑的最大质量。由于高空长航时飞行器的功率消耗主要由其所选择的飞行轨迹决定，因此在高空长航时太阳能飞行器的初始设计阶段，最主要的困难来自于设计参数与飞行轨迹之间的耦合关系。

J. K. Shiau 和 D. M. Ma[11,14] 在设计 Xihe 太阳能飞行器时意识到这一问题，并使用遗传算法对飞行器的设计参数和飞行器平飞时的巡航速度进行了优化。结果显示，经过优化后在减轻飞行器总质量的同时增加了飞行器的平飞速度。G. Sachs 等 [43] 从另一个角度对该问题进行了研究：通过提出"周期性最优飞行" (periodic optimal flight) 的概念对飞行器的航迹和质量进行联合优化，优化结果显示，太阳能飞行器通过合适的轨迹控制，甚至可以在没有储能电池的情况下完成跨昼夜飞行。Klesh 和 Kabamba[35,36] 也证明太阳能飞行器的平飞轨迹对其能量消耗具有重要的影响并对参数设计产生影响。这些工作表明研究处理太阳能飞行器设计参数和飞行轨迹之间耦合关系的方法具有重要意义。

据作者所知，目前还没有对太阳能飞行器设计参数和飞行轨迹进行联合优化的成熟方法。在飞行器设计参数优化领域，粒子群 (particle swarm optimization, PSO) 算法由于其实现简单、性能稳定、易于收敛等特性而受到广泛关注。比如，Navalertporn[44] 关于制造过程参数设置的优化、Gomes[45] 关于桁架结构设计参数的优化、Dogan[46] 关于无支撑钢架结构的优化等工作都证明 PSO 算法非常适合对复杂过程设计变量的参数优化。尽管如此，J. Karimi 等 [47] 和 Y. G. Fu 等 [48] 的研究指出 PSO 算法虽然适合于设计过程的参数优化，但很难对航迹优化问题进行实时解算。因为通常来讲，航迹优化问题是在给定动力学约束方程和边界条件的情况下，求解使给定性能指标满足最优性的时序控制输入。也就是说，航迹优化问题的优化变量是一组随时间变化的参数，采用 PSO 算法对这组"时变"参数的优化就必须在时间上进行离散，然后，对每一个离散点上的取值进行优化，这势必使得优化的变量数目多，相互耦合关系复杂。求解航迹优化问题的一个基本手段是采用最优控制理论中求解变分方程的方法。在航迹优化领域，目前，伪谱法 (pseudo-spectral method) 是应用最多的数值方法。在该方法中，最优控制问题被转化为非线性规划 (nonlinear programming, NLP) 问题，该问题可以通过计算软件较好地求解。相关算例可参见 T. D. Guo 等 [49] 关于航天器低推力轨迹的优化、Y. Y. Shi 等 [50] 关于超声速无动力滑翔器轨迹的优化、D. Garg 和 W. W. Hager[51] 关于无限水平最优控制问题 (infinite-horizon optimal control) 以及 B. L. Tian 和 Q. Zong[52] 关于载入航天器的导引航迹优化问题。众多研究结果指出 [51,53-56]，伪谱法通过 Legendre 或 Chebyshev 正交多项式对状态变量和控制变量进行参数离散，使得求解结果可以满足 Karush Kuhn Tucker (KKT) 条件。A. V. Rao 等 [57] 证明采用高斯正交多项式离散的 NLP 问题，其 KKT 条件与 Hamiltonian 两点边值问题的一阶最优性条件等价。

1.3.2 梯度风动态能量提取

1. 动态滑翔理论

关于鸟类利用独特的飞行方式从梯度风场中获取能量实现长时间滑翔的现象，学术界公认的最早的研究者是 Rayleigh[58]，他于 1883 年在 *Nature* 上撰文描述了他观察到的信天翁动态滑翔现象，并对信天翁能够不拍动翅膀实现长时间飞行的原因进行了初步的分析。美国的 Warner 教授在 1923 年向美国国家航空咨询委员会提交的一份报告中也注意到了这个现象，认为飞行器从非上升气流的非均匀风中获取能量是可能的，并建议对该现象展开进一步的深入研究 [59]。由于之后的飞行器完全朝着动力飞行的方向发展，这一建议也就被长久搁置下来，之后到了 20 世纪 80 年代，随着滑翔机运动的兴起，该研究才在鸟类学家中逐步展开。文献 [60] 通过在信天翁的心脏附近安装脉搏计数器的方式，观测信天翁在不同运动状态下的心跳频率以确定其能量消耗状态。通过观察发现，信天翁在梯度风中长时间盘旋滑翔的心跳频率与其在休息时的心跳频率基本相当，有力地说明了信天翁是利用特殊的飞行方式从梯度风中获取能量实现长时间滑翔的。文献 [61] 则利用风洞模拟梯度风，在风洞中对寒鸦的滑翔飞行过程进行了研究。研究结果表明，寒鸦除了利用飞行方式从梯度风中获取能量以外，小幅度地伸缩翼展改变自身升力系数是其在不同强度的梯度风中进行稳定滑翔的主要方式。文献 [62,63] 分别利用最优控制理论和启发式控制理论，以实现最长的滑翔时间的目标，对飞行器在梯度风中的最优飞行方式进行了研究，总结出在正梯度风场中获取能量的最佳飞行方式。

近期，随着无人机技术的发展，动态滑翔现象引起无人机设计团队的高度重视，关于动态滑翔的研究文章大量出现，David[64] 和 Langelaan 等 [65] 分别在 *Nature* 和 *Science* 上发表文章认为，动态滑翔飞行方式在无人机领域的应用，将为无人机的设计方法、应用领域和应用方式带来深刻的影响和变革。文献 [66-73] 分别对阵风扰动及山坡背风面等存在梯度风的情况进行了研究，对无人机等小型飞行器如何充分利用这些梯度风进行长时间滑翔，进行了研究并设计了相应的控制算法，希望将来能够在这些存在梯度风的地点开展无动力动态滑翔试验。

总的来说，对动态滑翔问题的研究过程可大致分为三个时期。

第一个时期从 Rayleigh 算起一直到 2000 年初，在该时期众多研究者将注意力集中在为什么许多鸟类，比如信天翁、猎鹰和寒鸦等能够在几乎不拍动翅膀的情况下实现长距离甚至环球飞行。为此研究者对这些鸟类的飞行运动进行了长期观察和试验，典型工作可参见文献 [60,61,74]，有关动态滑翔的理论也是在这一时期逐渐提出并发展的。

第二个时期从 2000 年初算起一直到 2010 年左右，随着最优控制理论数值算法的兴起，世界范围内的学者利用商业软件对不同梯度风条件、不同边界条件下动态滑翔的最优轨迹进行了研究，并得到许多重要的结论。比如，Zhao 等利用 NPSOL 软件计算得到了无人飞行器在梯度风中不同类型的最优动态滑翔航迹 [62]。Sachs 利用 ALTOS 软件分析了信天翁在动态滑翔时所需的最小梯度风强度，并对常值升力系数和变升力系数条件下的飞行轨迹进行了对比 [75]。Deittert 等利用 AMPL 软件计算得到了在最小风速和最大风速条件下，无人飞行器越野飞行 (cross-country) 的最优航迹，这对无人飞行器在梯度风条件下的航迹规划方法具有重要的指导意义 [76]。其他的类似工作可参见文献 [67,69,71-73,77]。

第三个时期可以从 Langelann 和 Roy 于 2009 年在 *Science* 上发表的关于增强无人飞行器功能的文章算起，他们提出采用动态滑翔的方式，可以提高无人飞行器的飞行时间并拓展应用功能，其认为通过动态滑翔方式持续从环境中获取能量将引发无人飞行器设计的变革 [65]。这段时期的主要特征可以归结为实现无人飞行器动态滑翔的自主化。目前，已经展开了很多探索性研究并取得了阶段性成果，比如，Lawrance 等设计了无人机动态滑翔的分段制导与控制策略，并进行了数值仿真 [70]。Kahveci 等基于线性二次控制器为无人机的自主滑翔设计了一套自适应控制策略 [78]。Langelaan 和 Lawrance 等分别独立地设计了在动态滑翔过程中自主感知梯度风场强度的方法 [79,80]。

尽管如此，到目前为止第三个时期的研究成果还仍然不能实现自主动态滑翔的要求，因为所设计的制导和控制策略还都基于数值软件的优化算法，因此所设计的动态滑翔航迹计算方法通常都非常复杂，这使得这些方法在小型无人飞行器的自驾仪上不能实现。

2. 梯度风参数估计问题

成年信天翁质量为 7.5~10kg，翼展为 2.9~3.8m，最大升阻比为 18~24[75]。这些参数都与小型无人机类似。自然地，无人机设计团队希望将无人机设计的与信天翁一样，能够在梯度风条件下利用动态滑翔实现长航时飞行[81-86]。如果无人机能够模仿信天翁在无动力的情况下实现全球飞行，毫无疑问，这将引起无人机设计界根本性的变革，以及对飞行器长航时性能的重新定义[64,65]。由于梯度风广泛地分布在海洋和部分陆地的上边界，以及高空大气中，结合无人飞行器技术的快速发展，动态滑翔有可能成为从自然界中开发和利用梯度风资源的新方式。

无人飞行器只有沿着能量获取轨迹自主飞行，才能从梯度风中获取能量[87]。如果飞行环境中的梯度风参数是已知的，那么无人飞行器的能量获取过程就可以转化为轨迹优化问题[88]，比如，M. Deittert 等[76,89]和 G. Sachs 等[90,91]的工作。然而实际飞行过程中，这种假设通常是不成立的，并且到目前为止，也没有可以安装在小型无人飞行器上，可对三维风场进行实时测量的传感器[92]，因此对于安装机载自驾仪的无人飞行器来说，能够利用目前安装的传感器(如空速传感器、GPS、INS 等)对风场进行实时测量和估计就变得非常重要。因此，开发能够在机载自驾仪上运行的且能够对风场参数进行实时估计的算法很有必要。

为达到这个目的,许多学者对在线实时估计风场的算法进行了研究。Lawrance 等[80,93,94]采用高斯回归过程对风场进了估计。Langelaan 等[88,92]尝试开发利用已知风场结构，利用线性 Kalman 滤波算法简化参数估计的方法对风场进行估计。总的来说，对风场强度估计的问题，就是一个对非线性系统进行参数估计的过程。目前处理该问题的方法有两大类。第一类是采用拓展 Kalman 滤波 (extended Kalman filter，EKF) 方法，该方法采用线性化的方法处理非线性问题，状态变量和方差也都通过线性化后的动力学系统进行传播。在非线性系统的线性化最小误差意义下，可以证明 EKF 是最优滤波算法[95]。但是，近年来的研究显示当系统呈严重非线性时，EKF 的估计结果通常偏差很大，甚至发散[96-98]。为解决这一问题，另一类称为粒子滤波 (particle filter，PF) 的非线性估计算法被开发出来。PF 算法的基本思想是通过重建状态变量后验概率密度函数的方式对状态变量进行估计。从理论上讲，随着粒子数的不断增加，PF 算法可处理任意非线性系统、服从任意分布随机噪声的滤波[99]。目前 PF 算法已广泛应用于金融数学、环境数据处理、物理科学和工程估计等领域[100-103]。

1.4 高空长航时飞行核心问题与本书主要内容

1.4.1 核心问题

总的来看，重力势能储能的方式不会因增加存储能量而增加飞行器质量，相比储能电池有明显优势。但是在接近临近空间的高空范围内空气密度变化大，飞行器气动参数也随之发生较大变化。在高空，环境大气密度越低，飞行器就需要越快的平飞速度以保持升重平衡，平飞能耗越大，此时虽然将电能存储到了重力势能当中，但滑翔过程中重力势能所维持的飞行器滞空时间相对较短，继续采用重力势能储能的效率十分低。因此，在太阳能飞行器高空长航时飞行过程中应用重力势能储能中需要研究的基础问题是：重力势能储能方式的应用高度范围是多少，该如何确定。由此衍生的问题有：飞行器以何种轨迹滑翔，在下降相同的高度条件下所需时间最长；不同的初始速度和高度对重力势能储能的效率有怎样的影响；如何通过较优的储能电池策略有间隔地改变飞行器的高度和速度，使得重力势能储能的效率最大化。而这些问题的研究在当前还没有充分的展开。

　　按照动态滑翔的原理，如果梯度风强度足够大，飞行器从梯度风中获取的能量大于或等于飞行过程中阻力消耗的能量，飞行器就能保持持久飞行。针对不同的梯度风类型，采用不同的飞行方式，飞行器可以在无动力条件下从梯度风中获取能量，实现持久滑翔。如图 1-11 和图 1-12 所示，针对线性正梯度风，飞行器可采取两种滑翔方式：一种是弯曲形滑翔方式，沿梯度风垂直方向向前飞；另一种是椭圆形滑翔方式，在梯度风中持久盘旋。它们的共同特征是逆风爬升，顺风下降，中间通过转弯过渡飞行方向。临近空间区域存在较为稳定的梯度风，但是对于大展弦比的太阳能飞行器，是否有可行的飞行方式从临近空间稳定的梯度风中获取能量；如果有，这种飞行方式是什么？该怎么实现？效率如何？这些都是太阳能飞行器设计领域急需回答的问题。

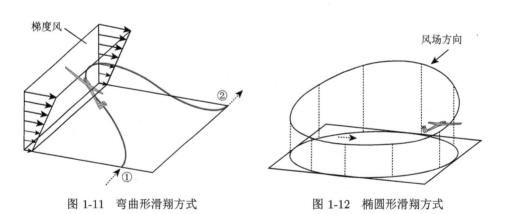

图 1-11　弯曲形滑翔方式　　　　　　　图 1-12　椭圆形滑翔方式

1.4.2　本书主要内容

　　针对以上问题，本书拟根据临近空间太阳能飞行器在飞行包线范围内，空气密度、气动参数变化较大的特点，系统研究不同速度、高度和气动参数条件下，重力势能对飞行器巡航性能的影响，使单位重力势能支撑的飞行器飞行时间最大化以及相应的航迹规划问题；针对临近空间存在较稳定的梯度风这一特点，以鸟类利用独特的飞行方式从梯度风场中获取能量实现长时间滑翔的原理为基础，研究飞行器通过顺风爬升、逆风下降方式从临近空间梯度风场中获取能量，为飞行器跨昼夜飞行的创新型方法研究提供支撑。

以太阳能飞行器为研究对象，以使用最少的储能电池实现高空持久巡航为目标，针对太阳能飞行器飞行区域内，空气密度、气动参数随高度变化较大以及临近空间存在较稳定的梯度风这两个显著特点，重点研究重力势能/梯度风对太阳能飞行器巡航性能的影响。研究内容主要集中在以下几个方面。

(1) 太阳能飞行器重力滑翔运动特征分析。

夜间无动力重力滑翔是延长太阳能飞行器航时的有效方式。本节重点研究飞行器采用重力滑翔模式时，最长航时滑翔路径的运动特征。最长航时滑翔路径可归纳为飞行器在下降单位高度时选择何种下滑路径可以使下滑所需的时间最长的问题。在近空间太阳能飞行器飞行包线范围内，飞行器气动参数变化大。定义单位高度势能所支撑的最长航时为势能因子。当飞行器以最长航时滑翔轨迹飞行时，势能因子与飞行器初始速度和高度密切相关。综合考虑飞行器结构过载等约束条件，分析飞行器在不同初始速度和不同高度条件下，势能因子的变化关系，建立势能因子对初始速度和高度的敏感性规律。从而确定飞行器在何种初始条件下开始滑翔，以及滑翔过程中储能电池电量如何分配才能使用最少的储能电池实现昼夜持久巡航。

(2) 重力势能动态能量存储的能源管理策略研究。

太阳能飞行器的高空长航时飞行性能与所选择的飞行航迹密切相关，不同巡航高度的飞行器所消耗的功率不同，导致所需的储能电池质量也不同。基于太阳能可以部分存储于高度势能的思想，需要为太阳能飞行器高度势能储能的飞行方式设计能源管理策略。在第一段，太阳能存储于储能电池中，当储能电池充满后，将所有从太阳能转换的能量用于飞行器爬升，使得能量存储于重力势能当中。第二段，当从太阳能转换的能量不足以支持飞行器巡航飞行时，采用重力滑翔的方式，释放重力势能以保持飞行器驻空。第三段，当飞行器到达高度下限时，由储能电池提供能量保持飞行器巡航飞行。项目拟通过设计重力势能动态能量存储的能源管理策略的方式，分析制约飞行器高空长航时飞行的关键技术。

(3) 梯度风对高空长航时飞行能量的影响机理分析。

从鸟类利用独特的飞行方式从梯度风场中获取能量，实现长时间滑翔的现象出发，针对高空太阳能飞行器飞行区间存在较为稳定的水平剪切梯度风这一特点，在线性均匀梯度风场假设条件下，采用动力学分析手段，研究梯度风场对飞行器巡航性能影响的作用机理。分析环境梯度风场对飞行器速度、结构过载、机动性能等约束的限制条件。在势能因子对初始速度和高度敏感性规律的研究基础上，考虑存在梯度风场的情况下，分析势能因子对梯度风场强度的灵敏度。

(4) 梯度风场中飞行方式对势能因子的影响分析。

在梯度风对高空长航时飞行能量的影响机理分析的研究基础上，考虑正/负两种梯度风场分布类型条件下，分别分析顺风爬升/下降、逆风爬升/下降等不同飞行方式对势能因子的影响关系。以势能因子最大化为目标，充分利用环境中的梯度风增加巡航时间。分析梯度风场分布类型与动态滑翔策略之间的相互关系，定性说明不同梯度风场中不同飞行方式对势能因子的影响关系，为飞行器高空长航时飞行的航迹设计提供参考。

第 2 章　太阳能飞行器设计分析

2.1　引　　言

目前，全球范围内面临的诸多严峻挑战中，最严峻的挑战是可再生能源和环境污染[104]。基于这一基本认识，自进入 21 世纪以来，世界各国对可再生能源和可持续性能源的开发及应用研究投入了前所未有的热情与精力。太阳能被认为是未来最可靠的清洁能源，把太阳能应用于飞行将为可再生能源的应用拓展一个新的领域[105]。由于太阳能的可持续性，将太阳能应用于飞行将有可能对飞行器的航时能力进行重新定义[40]。此外，通过自驾仪系统在飞行器上的应用，太阳能飞行器有可能到达并持久工作在世界各处[106]。因此，太阳能飞行器可以视为一个理想的通信中继平台，特别适合高空长航时的任务，比如，边界侦察[107]、森林火险预警、地面跟踪[39]、农业精确耕种[108] 以及未来金星[109,110]、火星[37,13]的探测任务等。

在 1974 年 12 月，世界上第一架太阳能飞机 Sunrise I [111] 在美国加利福尼亚起飞以来，迄今为止，太阳能飞行器得到了迅猛发展和广泛应用。尽管如此，仍然有很多技术需要重新审视并提出新的研究方案使其朝着更加可靠、安全和低成本的飞行方向迈进，比如结构材料、气动性能、控制系统、飞行安全与飞行稳定性技术、能量获取与存储技术等[24]。其中，能量获取与存储技术是最为重要和具有决定意义的技术，因为该技术将对太阳能飞行器的工作航时产生最为直接的影响[10]。对于太阳能飞行器而言，能量获取主要是通过光伏电池完成，而能量存储主要是通过储能电池实现。由于光伏电池具有非线性的电流–电压 (I-V) 特性并且输出特性依赖功率载荷，因此，称为最大功率点跟踪 (maximum power point tracking，MPPT) 技术，对提升光伏电池的整体能量利用效率具有重要的影响。近年来，诸多学者都对太阳能电池技术[112-128]、储能电池技术[129-139] 和 MPPT 技术[105,140-155] 展开了深入的研究，并取得了丰硕的成果。除此之外，还有一些其他技术也被应用于太阳能飞行器的能量获取与存储，比如，从梯度风中获取能量[81,83,156-158]，以及通过重力势能存储能量[41,159-161]。

虽然关于能量获取与存储技术的研究具有良好的基础，但是对于飞行器的设计者而言，如何从众多技术中选择一种适合的技术应用于太阳能飞行器依然是一个十分困难的问题。因此，本章的主要目的是尝试对太阳能飞行器上的不同能量获取与存储技术进行综述，并比较它们在太阳能飞行器上的应用前景，以期为未来太阳能飞行器获取存储与能量技术的发展方向提供参考。

2.2　太阳能飞行器能源系统组成与研究现状

相比于其他飞行器，太阳能飞行器的独特之处在于其能源系统：它通过太阳能电池，白天吸收太阳辐射并转化为电能，在提供飞行所需能量的同时，将富余电能存储到储能电池中，夜间由储能电池提供飞行所需功率，从而实现跨昼夜飞行。通常，太阳能电池铺装在机翼、机身或舵面上，而储能电池通常安装在机身内部或是其他位置，如图 2-1 所示。

图 2-1　太阳能飞行器能源系统组成

由于太阳能电池的发电效率受天气等诸多因素的影响，具有一定的不可预测性，并且太阳能飞行器的工作状态也在不断变化，因此要使太阳能飞行器实现跨昼夜的连续飞行，必须设计一个能量与任务管理器对一日所获得的能量进行合理分配与使用 [162]。在太阳能飞行器中，该系统被称为能量管理系统 (energy management system，EMS)[11]。为了使从光伏电池上获得的能量最大化，通常需要将 MPPT 集成在 EMS 中。其实，所谓 MPPT 就是一套对光伏电池和储能电池的电流与电压进行监视的电子器件以及一组可调节增益的直流/直流 (DC/DC) 转换器 [163]。通过改变增益，MPPT 能使从光伏电池中获取的能量达到最大值 [164]。

下面对太阳能飞行器能源系统的研究现状进行分析。

2.2.1 光伏电池研究现状分析

对于光伏电池而言,能量转换效率 (energy conversion efficiency, ECE) η_{PC} 是衡量其性能的最重要参数。能量转换效率是用于衡量照射到太阳能电池表面的太阳能功率转换成有效电能的比率,在标准测试条件下 (1atm (1atm=1.01325×10^5 Pa),25℃),其计算公式如下:

$$\eta_{PC} = \frac{P_m}{G \times S_C} \tag{2.1}$$

不同光伏电池的能量转换效率差异很大,非晶硅基底的能量转换效率只有 6% 左右而多结砷化镓基底的实验室样品已经达到了 40% 以上。据报道,现在正在研发的第三代光伏电池其能量转换效率可以达到 44%[126]。图 2-2 显示了从 20 世纪 70 年代开始,光伏电池最好的实验室能量转换效率随时间的演化图[165]。

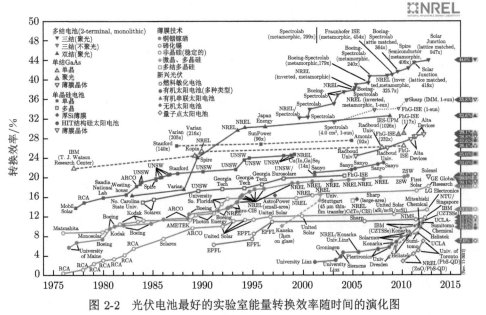

图 2-2 光伏电池最好的实验室能量转换效率随时间的演化图

该图片经美国国家可再生能源实验室 (National Renewable Energy Laboratory, NREL) 授权许可使用

目前,工业上广泛使用的光伏电池主要可以分为四类:硅基光伏电池 (包括晶硅和非晶硅)、有机聚合物光伏电池、薄膜型光伏电池和混合型光伏电池[166]。但是考虑到能量转换效率、基底重量、效费比、环境适应性和可靠性等因素,只有很少一部分光伏电池适合使用到太阳能飞行器上,其中使用最广泛的是硅基光伏电池,也有学者提出将薄膜型光伏电池应用于飞行器上,但是还没进行演示性试验。

下面对在太阳能飞行器上应用的硅基光伏电池和可能进行应用的薄膜型光伏电池的研究现状进行分析。

1. 硅基光伏电池

硅基光伏电池包括单晶硅、多晶硅和非晶硅三种主要类型。如图 2-2 所示,硅基光伏电池的能量转换效率自 1975 年以来,有 2 次跳跃性的增长,目前硅基光伏电池的实验室能量转换效率在 25％ 左右[113],商业化的可用硅基光伏电池的能量转换效率通常在 16％～22％。表 2-1 列出了采用硅基光伏电池的典型太阳能飞行器及其性能参数。从表 2-1 中可以看出,采用单晶硅基底的太阳能飞行器数量最多,其能量转换效率介于 13％～18％。

表 2-1   采用硅基光伏电池的典型太阳能飞行器及其性能参数

太阳能飞行器名称	年份	光伏电池类型	能量转换效率	输出功率/W
Solar Impulse HB-SIA[23]	2009	单晶硅 10748 片装于机翼, 880 片装于水平安定面上	～ 18％	6000
Sunrise I[167]	1980	单晶硅	——	400
Sunrise II[167]	1985	单晶硅 1120 片 (2cm×4cm)	16.1％	580
Gossamer Penguin [168]	1981	单晶硅共 3920 片, 其中2240片 2cm×4cm、700 片 2cm×6cm、980 片 2.4cm×6.2cm	13.2％	540
Xihe[14]	2009	单晶硅	16％	——
Pathfinder[169]	1997	单晶硅	14.5％	8000
So long[25]	2005	单晶硅 76 片	——	225
Sky-sailor[163]	2004	单晶硅 REW32 216 片	16％～18％	84
The sunriser[170]	2000	单晶硅 256 片	——	30
Helios[171,172]	2001	SunPower 单晶硅 62000 片	16％	——
Zephyr 7[173]	2010	非晶硅	19％	——
Heliplat[24,174]	始于 2004	单晶硅	22％	1500

硅基光伏电池具有刚性、易碎的特点,而为了保证太阳能飞行器的高效气动性能,又要求飞行器具有光滑的机翼表面。因此,硅基光伏电池应用于太阳能飞行器的主要问题是如何将光伏电池可靠地安装在具有曲面形状的机翼表面,在保证光伏电池依然具有较高能量转换效率的同时保证飞行器具有较高的气动性能。

目前，有两种方法解决该问题。第一种方法是将刚性的硅基光伏电池弯曲贴合在机翼表面，使得太阳能电池弯曲成光滑的翼型。易碎的硅基光伏电池可以在小范围弯曲，通过使用乙烯–乙酸乙烯 (ethylene-vinyl acetate，EVA) 胶膜将电池片粘在机翼表面，再在电池片上面蒙一层聚乙烯对苯二酸盐 (polyethylene tereph-thalate，PET)，蒙皮的方式可以有效地将刚性硅基电池片粘贴在翼型表面上，如图 2-3 和图 2-4 所示。但是，由于硅基光伏电池的有限弯曲范围和铺装工艺，使用该方法，飞行器机翼的气动性能会受到一定程度的影响。

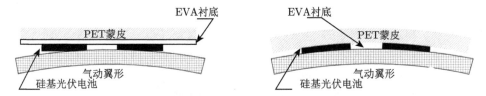

图 2-3 硅基光伏电池在曲面翼型上的铺装

图 2-4 "Helios" 太阳能飞行器光伏电池铺装工艺 [175]

另一种方法是采用平直机翼，这样，刚性硅基光伏电池无须弯曲即可牢靠地安装在机翼上，如图 2-5 所示。采用该方法，可以避免由光伏电池弯曲造成的能量转换效率损失，同时也可以避免太阳辐射照射在曲面翼型上的效率损失 [176]。

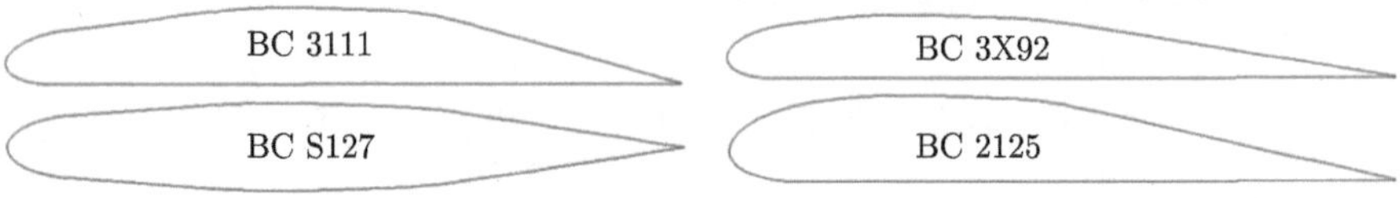

| BC 3111 | BC 3X92 |
| BC S127 | BC 2125 |

图 2-5 专用于太阳能飞行器的平直机翼翼型 [176]

2. 薄膜光伏电池

目前，砷化镓 (gallium arsenide，GaAs)[128]，碲化镉 (cadmium telluride，CdTe)[116]，铜铟硒 (copper indium diselenide，CuInSe$_2$)[177] 和二氧化钛 (titanium dioxide，TiO$_2$)[117] 是最常见的用于薄膜光伏电池的衬底材料。其中，GaAs 薄膜光伏电池由于其持续增长的能量转化效率，成为最吸引太阳能飞行器设计人员的薄膜光伏电池。如图 2-2 所示，对于单结 GaAs 薄膜光伏电池，目前最好的能量转化效率为 29.1%。对于多结串联式 GaAs 薄膜光伏电池，其最好的能量转化效率已经达到了 44%。

表 2-2 列出了计划采用 GaAs 薄膜光伏电池的两个典型太阳能飞行器。相比表 2-1 可以看出，在太阳能飞行器上 GaAs 薄膜光伏电池的能量转化效率比硅基光伏电池高 10% 左右。尽管如此，太阳能飞行器设计者还是更愿意选择硅基光伏电池。这主要有两个原因，一个是光伏电池基底的重量，一个是效费比。薄膜光伏电池铺装在机翼上的基底重量大约是光伏电池的 3 倍 [163]，这对于太阳能飞行器的长航时飞行性能是非常不利的 [10]。同时，在相同发电功率的条件下，薄膜光伏电池的价格是硅基光伏电池的几倍。因此，薄膜光伏电池更多应用于卫星等太空发电设备而非太阳能飞行器 [179]。

表 2-2　计划采用 GaAs 薄膜光伏电池的两个典型太阳能飞行器

太阳能飞行器名称	年份	薄膜光伏电池类型	能量转换效率
Sky-sailor[163]	2004	三结 GaAs	27% ~28%
火星太阳能飞行器 [178]	1990	GaAs	25%

2.2.2　储能电池研究现状分析

由于太阳辐射在时间上的非均匀性，光伏电池只有在一天中太阳辐射大于一定值时才能产生电能。因此，独立的光伏系统必须使用储能电池来消除太阳辐射的这种不均匀性，或是将太阳能存储起来在某段时间以大功率的形式释放。作为一个典型的独立光伏系统，毫无疑问，太阳能飞行器也需要储能电池来存储白天从光伏电池产生的富余能量并用于夜间供电。

对于储能电池而言，能量密度是衡量其性能的关键指标。能量密度的定义为在给定的系统中，单位质量或单位体积内所存储的能量。通常而言，储能电池的能量密度可以按照公式 (2.2) 来计算，其中，E 为储能电池所存储的总能量，m_b 为储能电池的总质量。

$$\bar{m}_b = \frac{E}{m_b} \tag{2.2}$$

由于能量密度指标对很多应用至关重要，世界范围内有众多研究者致力于提升储能电池能量密度的研究[180]。

储能电池有各种各样的形状和尺寸，既有纽扣大小的电池也有兆瓦级的系统。如图 2-6 所示，目前常用的储能技术包括：碱性电池、铅–酸电池、镍–镉 (nickel cadmium，Ni-Cd) 电池、镍–金属氢化物 (nickel metal hydride，Ni-MH) 电池、锂离子 (lithium-ion，Li-ion) 电池、锂离子聚合物 (Li-ion polymer) 电池、锂–硫 (lithium sulfur，Li-S) 电池和燃料电池[181]。图 2-6 比较了目前常用的能量储能技术的能量密度和功率密度，该图的数据来源于文献 [136, 180, 181]。

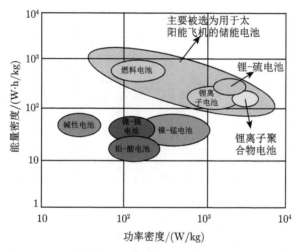

图 2-6　目前常用的能量储能技术的能量密度和功率密度

储能电池技术是制约太阳能飞行器发展的核心关键技术，因为要实现跨昼夜长航时飞行，储能电池的重量要占太阳能飞行器总重的 $30\% \sim 50\%$[13]。因此，通常不考虑在太阳能飞行器上使用诸如碱性电池、铅–酸电池、Ni-Cd 电池、Ni-MH 电池等能量密度相对较低的储能电池。广泛应用于太阳能飞行器的储能电池是锂离子电池、锂离子聚合物电池、Li-S 电池和燃料电池，如图 2-6 中灰色椭圆所示。下面对这些常用于太阳能飞行器的储能电池的研究现状进行分析。

1. 锂离子和锂离子聚合物电池

锂离子电池通过负极锂离子迁移到正极的形式放电，充电时锂离子再从正极移到负极[182]。锂离子聚合物电池具有与锂离子电池相似的特性，但能量密度比锂离子电池稍大，并且容易加工成型，便于制造成所需的形状。因此，锂离子聚合物电池在各行业得到了广泛的使用[183]。

尽管锂离子电池和锂离子聚合物电池技术还远未发展成熟，但是相比目前其他可用的储能电池技术，由于其相对较高的能量密度和可靠性，其仍然是太阳能飞行器上使用最多的储能电池。表 2-3 列出了采用锂离子电池或锂离子聚合物电池作为储能电池的典型太阳能飞行器。

表 2-3　采用锂离子电池或锂离子聚合物电池作为储能电池的典型太阳能飞行器

名称	年份	电池类型	能量密度/(W·h/kg)
Solar Impulse HB-SIA[23]	2009	锂离子聚合物电池质量：400kg，约占飞行器总质量的 25%	240
Sunrise II[167]	1985	锂离子电池	145
Xihe[14]	2009	锂离子聚合物电池	196
Green flight challenge: Taurus G4[184]	2011	锂离子聚合物电池质量：500kg，包括 3 组 88 个电池串联而成的电池组，总电量 90kW·h	180
So long[25]	2005	锂离子聚合物电池质量：5.6kg，总电量 1200W·h	214
Sky-sailor[163]	2004	锂离子电池质量：1.2kg，包括 6 组 8 个电池串联而成的电池组，总电量 207.36W·h	172

尽管锂离子电池和锂离子聚合物电池具有相对较高的能量密度和易于存放的特性，但是如表 2-3 显示，应用在太阳能飞行器上的锂离子电池或锂离子聚合物电池的能量密度介于 140~240W·h/kg，这对于太阳能飞行器的长航时飞行来说还是不够高的。因此，装备该电池的太阳能飞行器都不能实现高空长航时飞行。经过对 Solar Impulse HB-SIA 太阳能飞行器的结构和气动外形优化后，如图 2-7 所示，完成了低空跨昼夜的飞行试验，但还无法应用于高空跨昼夜飞行。

图 2-7　Solar Impulse HB-SIA 太阳能飞行器

2. Li-S 电池

正因为制约太阳能飞行器高空长航时飞行的主要约束是储能电池较低的能量密度，发展高能量密度的储能电池已成为太阳能飞行器设计团队最为关心的问题。

在这种大背景下，Sion Power 公司率先研制出可用于高空长航时飞行的高能量密度储能电池：Li-S 电池[185,186]。基于 Li-S 氧化对还原完成生成 Li_2S，Li-S 电池的理论能量密度可以达到 2600W·h/kg[187]。这是目前储能电池中理论能量密度最高的电池类型。通过多年持续的研究[135,137-139,188,189]，许多学者指出：Li-S 电池是未来最有希望取代锂离子电池的高能量密度电池，尤其是在对电池能量密度特别敏感的太阳能飞行器设计领域。

采用 Sion Power 公司研制的 Li-S 电池，2010 年 7 月，在美国 Arizona Yuma 空军基地，Zephyr 7 飞行了 336h，最高高度达 21.6km。创造了升力型飞行器的最长航时飞行纪录。这也是公开文献中唯一采用 Li-S 电池的太阳能飞行器，如表 2-4 所示。

表 2-4 采用 Li-S 电池的典型太阳能飞行器

名称	年份	电池类型	能量密度
Zephyr 7 太阳能高空长航时无人系统[173,186]	2010	Li-S 电池质量：16kg，约占飞行器总质量的 30%，包括 48 组 12 个电池串联而成的电池组，共 576 块电池。电池组设计有保温装置，可以使电池组的环境温度始终保持在 0℃ 左右	可以达到：500~600W·h/kg[190] 应用演示：350W·h/kg

安装在 Zephyr 7 上的 Li-S 电池，其形状都经过特殊的设计，如图 2-8 所示。Li-S 电池薄片状的设计，便于将其分散安装在 Zephyr 7 巨大的机翼上，如图 2-9 所示。这样可以消除储能电池集中放置带来的应力集中问题，降低结构所需要的强度。Zephyr 7 的飞行高度为 16~21km，在该高度区间，环境最低温度可达到 −60℃，这对 Li-S 电池的可靠性工作非常不利。将 Li-S 电池安装在机翼中间，形成一个夹心三明治的结构，也便于为 Li-S 电池设计温度保持装置以利于 Li-S 电池正常工作。

图 2-8 Zephyr 7 上使用的 Li-S 电池

薄片锂硫电池被装在机翼的夹层中，
就像薄膜三明治一样

图 2-9　Zephyr 7 上安装 Li-S 电池的位置

3. 燃料电池

燃料电池是一种重要的使能技术 (enabling technology)，该技术通过燃料和氧化剂的非燃烧反应来释放非常高的电能。相比其他储能电池技术，燃料电池有许多优点，比如较高的效率，无污染等。根据电解液类型的不同，燃料电池可以分成多种不同的类型，比如磷酸燃料电池 (phosphoric acid fuel cell，PAFC)、熔融碳酸盐燃料电池 (molten carbonate fuel cell，MCFC)、固态氧燃料电池 (solid oxide fuel cell，SOFC) 等 [191]。

燃料电池的发展有可能成为太阳能飞行器领域突破能源瓶颈的技术之一 [192]。基于现有的储能电池技术以及近期可能采用的先进材料技术，基于燃料电池技术的储能电池的能量密度可以达到 400W·h/kg 以上。有许多太阳能飞行器设计团队已采用或是计划采用燃料电池来作为飞行器的储能电池，如表 2-5 所示。

表 2-5　采用燃料电池的典型太阳能飞行器

名称	年份	电池类型	能量密度/(W·h/kg)
火星太阳能飞行器 [178]	1990	再生燃料电池以氢气和氧气作为反应物	440
Heliplat [24,174]	2004	再生燃料电池包括燃料电池堆、水解器、氢气、氧气和水容器，氢气和氧气存储在 120bar(1bar=10^5Pa) 的高压气罐中	550
Helios [171,172]	2003	质子交换膜 (PEM) 燃料电池	500

Helios 是第一个安装有储能电池并成功进行飞行试验的太阳能飞行器。其上的氢气和氧气装在高压气罐中，当氢气和氧气进入燃料电池反应后将生成电能、热和水，水经过电解之后又可以产生氢气和氧气，如图 2-10 所示。只要可以持续提供氢气和氧气，燃料电池就可以持续供电。该系统从环境的角度讲不仅具有吸

引力，由于其只有很少的活动部件，该系统也具有很高的可靠性[193]。对于 Helios 太阳能飞行器，如果使用常规储能电池，比如锂离子电池、锂离子聚合物电池等，飞行器就会因为太重而不能达到目标航时或高度。

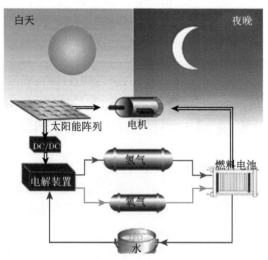

图 2-10　氢氧燃料电池示意图[193]

尽管燃料电池有很多优点，但是由于燃料电池质量集中，不能像锂离子电池或是层状 Li-S 电池那样可以分散安装，导致对飞行器机翼的结构强度要求很高。如图 2-11 所示，Helios 需要在飞行器的中线位置安装很重的燃料电池吊舱，并且有两个高压氢气罐安装在侧翼。质量集中的燃料电池安装在大展弦比、柔性结构的机身上，很容易引起三点质量效应，并使得飞行器的飞行动力学过程变得非常复杂，这使得飞行器出现持续的、大的二面角并最终导致 Helios 结构解体[195]。

图 2-11　Helios 的燃料电池安装图[194]

通过以上讨论可以看出：目前在太阳能飞行器上使用最广泛的储能电池依然是锂离子电池和锂离子聚合物电池，但是这类电池的能量密度还不够高，这也成为制约太阳能飞行器高空长航时飞行的关键因素。燃料电池在近期有希望达到 450~550W·h/kg 的高能量密度，但是它的质量集中特性使得飞行器的动力学特征变得复杂，对飞行器的结构和安全飞行带来了挑战。因此，在当前技术水平下，太阳能飞行器上还不适于使用燃料电池技术。目前，最有希望使太阳能飞行器高空长航时飞行性能取得突破性进展的是 Li-S 电池。这类电池不仅能量密度相对较高，还能制作成片装，可在机翼上分散安装，减轻储能电池产生的结构应力。

2.3　以能量为中心的太阳能飞行器设计方法

为了总结太阳能飞行器设计的成功经验，本节将对高空长航时太阳能飞行器总体参数的通用设计方法进行讨论。结合对能量平衡、气动参数、总质量和比较成功的太阳能飞行器的总体设计参数，提出一种高效的总体参数确定方法。

2.3.1　太阳能飞行器翼载荷理论上限

与传统飞行器设计相比，太阳能飞行器设计的最大特点在于其能源系统。传统飞行器依靠燃油或是储能电池提供动力，航程有限且飞行时间较短。而太阳能飞行器依靠太阳能电池提供动力，航程和飞行时间受当地太阳辐射强度的影响。随着太阳能电池和储能电池技术的进步，太阳能飞行器可以在白天吸收太阳能并转换为电功率，一部分用于飞行功率消耗，另一部分存储于储能电池；夜晚则依靠储能电池供电，从而有可能实现跨昼夜飞行，突破常规飞行器的航时限制。

太阳能飞行器要实现高空长航时飞行除了满足常规飞行器所需的升重平衡、推阻平衡外，还必须满足能量平衡的约束，即

$$mg = C_L S_w \left(\frac{1}{2}\rho V^2 \right) \tag{2.3}$$

$$T = C_D S_w \left(\frac{1}{2}\rho V^2 \right) \tag{2.4}$$

$$E_{\text{available}} \geqslant E_{\text{require}} \tag{2.5}$$

式 (2.3)~(2.5) 中 m 为太阳能飞行器起飞质量，g 是重力加速度，S_w 为机翼参考面积，C_L 和 C_D 分别为升力系数和阻力系数，V 为飞行器平飞时巡航速度，T 为推力，$E_{\text{available}}$ 为通过太阳能电池从太阳辐射中获取的可用能量，E_{require} 为保持平飞巡航所需的能量。

由方程 (2.3) 可知，太阳能飞行器平飞巡航速度可表示为

$$V = \sqrt{\frac{2mg}{\rho S_w C_l}} \tag{2.6}$$

因此，飞行器平飞所消耗的总功率可表示为

$$P_{\text{tot\_level}} = TV = DV = \frac{L}{C_L/C_D}V = \frac{mg}{C_L/C_D}V = \frac{C_D}{C_L^{3/2}}\sqrt{\frac{(mg)^3}{S_w}}\sqrt{\frac{2}{\rho}} \tag{2.7}$$

定义需求功率密度为太阳能飞行器平飞所消耗的总功率与机翼参考面积的比值，即

$$P_{\text{level}} = \frac{P_{\text{tot\_level}}}{S_w} = \frac{C_D}{C_L^{3/2}}\left(\frac{mg}{S_w}\right)^{\frac{3}{2}}\sqrt{\frac{2}{\rho}} \tag{2.8}$$

从方程 (2.8) 可以看出，需求功率密度 P_{level} 与太阳能飞行器翼载荷 mg/S_w 的 1.5 次方成正比。以适用于长航时太阳能飞行器 E214 翼型的气动参数为例，太阳能飞行器翼载荷与需求功率密度之间的关系如图 2-12 所示。

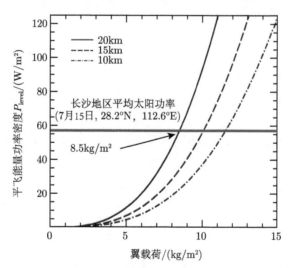

图 2-12　太阳能飞行器翼载荷与需求功率密度之间的关系

图 2-12 显示，太阳能飞行器翼载荷越大，需求功率密度就越高。对太阳能飞行器而言，需求功率均来自太阳辐射。而在给定地区的给定时间段内，太阳辐射的总能量是确定的，也就是说，飞行器需求功率密度的上限由该地区太阳辐射强度决定，那么飞行器的最大翼载荷也由太阳辐射强度决定，具有一个上限值。比

如，在长沙地区 (28.2°N, 112.6°E)7 月 15 日，单位面积太阳能电池日平均发电功率约为 60W/m²(图 2-12 中红线所示)，那么飞行器在 10 km 高度巡航飞行的最大翼载荷约为 11kg/m²，在 20 km 高度巡航飞行的最大翼载荷只有 8.5kg/m²(图 2-12 中箭头所指)。这就是太阳能飞行器翼载荷的理论上限，如果飞行器的翼载荷大于该理论上限，太阳能功率将无法保持飞行器的跨昼夜巡航飞行，也就是说太阳能飞行器的设计必须以能量平衡为中心展开。

2.3.2　太阳能飞行器设计参数确定方法

确定了太阳能飞行器翼载荷的上界后，还需要设计一套合适的方法确定翼载荷的确定值。通常来讲，高空长航时太阳能飞行器的质量由两部分组成，一部分固定质量，比如推进系统、控制系统、载荷等，这些质量一旦确定下来，就与飞行器的翼面积无关，这里用 m_{const} 表示。另一部分质量则随着翼面积的增大而增大，比如结构质量、光伏电池质量等，这里用 m_{S_w} 表示，其面密度用 $\bar{m}_{S_w}$ 表示，即

$$\bar{m}_{S_w} = \frac{m_{S_w}}{S_w} \tag{2.9}$$

而太阳能飞行器上所携带的储能电池质量，视飞行任务的不同，有时可以归类为前者，有时可以归类为后者。无论如何，飞行器总质量 m 可表示为如下形式：

$$m = m_{\mathrm{const}} + m_{S_w} = m_{\mathrm{const}} + \bar{m}_{S_w} S_w \tag{2.10}$$

将式 (2.10) 两边同时除以机翼参考面积，得

$$\frac{m}{S_w} = \frac{m_{\mathrm{cont}}}{S_w} + \bar{m}_{S_w} \tag{2.11}$$

对于高空长航时太阳能飞行器而言，m_{const}/m 代表了飞行器的载荷能力，对于同类型的飞行器，该比值接近常数。因此通过变形，方程 (2.11) 可转换为关于变量 m/S_w, m_{const}/m 和 m_{S_w} 的函数，如下式所示：

$$\frac{m_{\mathrm{const}}}{m} = 1 - \frac{\bar{m}_{S_w}}{\dfrac{m}{S_w}} \tag{2.12}$$

为找到这三者之间的关系，可考察已成功试飞的飞行器的相关参数。在公开文献中，ERAST 计划和 Zephyr 是典型的高空长航时太阳能飞行器。ERAST 计划共研制了 Pathfinder、Pathfinder+、Centurion、Helios HP01 和 Helios HP03 五款太阳能飞行器 [4]，由于 Centurion 没有进行飞行试验，而 Helios HP03 是低空长航时飞行器，并没有进行高空试飞，因此这两款飞行器并不是真正意义上的高空长航时飞行器。Zephyr 计划共研制了包括 Zephyr 3～Zephyr 7 的系列太阳

能飞行器 [5]，由于只有 Zephyr 6 和 Zephyr 7 达到了高空长航时飞行的目标，所以只对这两款飞行器进行考察。所考察的成功试飞的高空长航时太阳能飞行器的质量参数如表 2-6 所示 [196]。

表 2-6 高空长航时太阳能飞行器的质量参数

名称	总质量 m/kg	随翼面积变化的质量 m_{S_w}/kg	翼面积 S_w/m²	$\bar{m}_{S_w}$/(kg/m²)
Pathfinder	252	207	70.8	2.92
Pathfinder+	315	247	87.1	2.84
Helios HP01	719	600	186.6	3.21
Zephyr 6	30	24	17.1	1.41
Zephyr 7	53	43	25.3	1.86

按照方程 (2.12)，可以绘制出不同 $\bar{m}_{S_w}$ 条件下 m/S_w 和 m_{const}/m 之间的关系，如图 2-13 所示。表 2-6 的数据标注在图上的红色方块中。从图 2-13 中可以看出，除去飞行器的固定质量，ERAST 系列太阳能飞行器的翼载荷接近于 3kg/m²，Zephyr 系统太阳能飞行器的翼载荷小于 2 kg/m²，但其载荷能力都接近于常数，在 0.2 附近。这一规律对高空长航时太阳能飞行器的设计具有重要的指导意义。通常飞行器上的固定质量 m_{const} 可以通过飞行器所执行的任务、时间、所在区域、所需携带的载荷等信息确定，而随翼面积变化的质量密度 $\bar{m}_{S_w}$ 可通过飞行器所使用的结构材料、光伏电池类型、储能电池类型等进行估计。有了这些参数之后，通过如图 2-13 所示曲线，就可以估计出飞行器的总质量 m 和翼载荷 m/S_w 之间的关系。

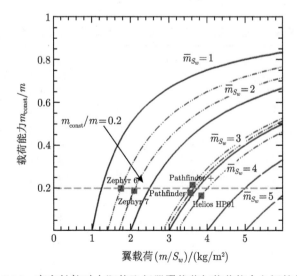

图 2-13 高空长航时太阳能飞行器翼载荷与载荷能力之间的关系

2.3.3　设计参数确定算例

为演示太阳能飞行器参数的确定过程，本节对验证飞行器进行了研究。该验证飞行器的任务目标是在 7 月份的长沙地区的 20km 高度处实现跨昼夜飞行。该飞行器的 1:4 模型已进行了飞行试验，郭正等在文献 [2] 对该飞行器的制作过程进行了详细介绍。

A. Noth 等给出了太阳能飞行器质量估计的详细模型，从其书中可得到估计太阳能飞行器各部分质量的方法，本书将飞行器的总质量分为 7 个部分，如表 2-7 所示。

表 2-7　太阳能飞行器总质量的组成

标号	组成	质量因子	质量
1	光伏电池	$\bar{m}_c/(\mathrm{kg/m^2})$	$\bar{m}_c S_c$
2	储能电池	$\bar{m}_b/(\mathrm{W\cdot h/kg})$	$P_{\mathrm{mean}}T_{\mathrm{night}}/\,\eta_{\mathrm{LS}}\bar{m}_b$
3	结构	$\bar{m}_s/(\mathrm{kg/m^2})$	$m_s S_w$
4	推进系统	$k_{\mathrm{prop}}/(\mathrm{kg/W})$	$k_{\mathrm{prop}}P_{\mathrm{prop}}$
5	能源管理	—	常数 m_{em}
6	控制系统	—	常数 m_{ctrl}
7	载荷	—	常数 m_{pl}

这里，假设 $m_s S_w$ 包括所有太阳能飞行器结构质量，比如机身、机翼、尾翼等，而 $m_c S_c$ 包括太阳能电池、基底和封装蒙皮的质量。

在对飞行器总质量进行估计之前，由飞行任务所决定的常数或近似认为是常数的参数需要先确定。验证飞行器所使用的材料、性能指标和任务参数列于表 2-8。

表 2-8　验证飞行器所使用的材料、性能指标和任务参数

参数	数值	单位	描述
C_L	0.8	—	整机巡航升力系数
L/D	28.5	—	整机巡航升阻比
$\bar{m}_b$	300	W·h/kg	储能电池能量密度
$\bar{m}_c$	1.0	kg/m²	光伏电池质量密度
$\bar{m}_s$	1.5	kg/m²	结构质量密度
AR	16		展弦比
k_{prop}	0.002	kg/W	推进系统质量功率比
P_{prop}	1	kW	推进系统最大功率
m_{em}	0.5	kg	能源管理器质量
m_{ctrl}	1	kg	控制系统质量 (包括备用电池)
m_{pl}	1	kg	载荷质量
P_{pl}	1	W	载荷功率消耗
η_{PC}	0.15	—	光伏电池效率

续表

参数	数值	单位	描述
η_m	0.6	—	推进系统效率
η_{LS}	0.9	—	储能电池效率
η_e	0.9	—	能源管理系统效率
T_{day}	13.66	h	长沙地区 7 月 15 日白天长度
P_{mean}	56.34	W/m^2	长沙地区 7 月 15 日白天平均辐射功率

对于高空长航时太阳能飞行器，假设飞行器在白天和夜间平飞巡航时的功率相同，都为 $P_{\mathrm{tot\_level}}$，那么飞行器全天能源平衡可以表示如下：

$$\left(P_{\mathrm{tot\_level}} + P_{\mathrm{pl}}\right)\left(T_{\mathrm{day}} + \frac{T_{\mathrm{night}}}{\eta_{\mathrm{LS}}}\right) = \frac{\max\left(P_{\mathrm{sol}}\right) T_{\mathrm{day}}}{\pi/2} S_c \eta_m \eta_e \tag{2.13}$$

而太阳能飞行器的总质量是表 2-8 中 7 个部分质量之和，即

$$m = \bar{m}_c S_c + \frac{P_{\mathrm{mean}} T_{\mathrm{night}}}{\eta_{\mathrm{LS}} m_b} S_c + m_s S_w + k_{\mathrm{prop}} P_{\mathrm{prop}} + m_{\mathrm{em}} + m_{\mathrm{ctrl}} + m_{\mathrm{pl}} \tag{2.14}$$

将方程 (2.13) 和 (2.14) 两边同时除以翼面积 S_w，则可以得到如下方程。其中，电子器件、飞行控制系统和载荷所消耗的功率被忽略了，因为相比于平飞巡航所消耗的功率，这些功率非常小。

$$\begin{aligned}
&\left(\frac{P_{\mathrm{tot\_level}} + P_{\mathrm{pl}}}{S_w}\right)\left(T_{\mathrm{day}} + \frac{T_{\mathrm{night}}}{\eta_{\mathrm{LS}}}\right) \\
&\approx P_{\mathrm{level}}\left(T_{\mathrm{day}} + \frac{T_{\mathrm{night}}}{\eta_{\mathrm{LS}}}\right) \\
&\leqslant \frac{\max\left(P_{\mathrm{sol}}\right) T_{\mathrm{day}}}{\pi/2}\eta_m \eta_e = P_{\mathrm{mean}}\left(T_{\mathrm{day}} + \frac{T_{\mathrm{night}}}{\eta_{\mathrm{LS}}}\right)\eta_m \eta_e \\
&\Rightarrow P_{\mathrm{level}} \leqslant P_{\mathrm{mean}}\eta_m \eta_e
\end{aligned} \tag{2.15}$$

$$\frac{m}{S_w} = \bar{m}_c \frac{S_c}{S_w} + \frac{P_{\mathrm{mean}} T_{\mathrm{night}}}{\eta_{\mathrm{LS}} m_b}\frac{S_c}{S_w} + \bar{m}_s + \frac{k_{\mathrm{prop}} P_{\mathrm{prop}} + m_{\mathrm{em}} + m_{\mathrm{ctrl}} + m_{\mathrm{pl}}}{S_w}$$

$$\Rightarrow S_w = \frac{k_{\mathrm{prop}} P_{\mathrm{prop}} + m_{\mathrm{em}} + m_{\mathrm{ctrl}} + m_{\mathrm{pl}}}{\dfrac{m}{S_w} - \bar{m}_s - \left(\bar{m}_c + \dfrac{P_{\mathrm{mean}} T_{\mathrm{night}}}{\eta_{\mathrm{LS}} m_b}\right)\dfrac{S_c}{S_w}} \tag{2.16}$$

将方程 (2.15) 代入方程 (2.8) 可知太阳能飞行器平均可用功率等于 $P_{\mathrm{mean}} \eta_m \eta_e$，由此可以确定太阳能飞行器在 20 km 高度进行平飞巡航的可行翼载荷范围，如图 2-3 所示。可用太阳能功率所能支撑的最大翼载荷质量为 5.7kg/m^2。这意味着，在

表 2-7 和表 2-8 的约束下，为实现高空长航时飞行，任何太阳能飞行器的翼载荷都必须轻于 5.7kg/m²，这是太阳能飞行器翼载荷的上界，如图 2-14 所示。

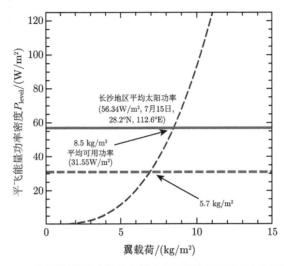

图 2-14 由平均可用功率确定的太阳能飞行器可行翼载荷范围

为表示太阳能飞行器上有多少参考翼面积上铺装了太阳能电池，可以定义太阳能电池铺装比，该参数可表示为 S_c/S_w。本例中假设铺装比为 0.8，图 2-15 可用于估计在不同的载荷能力条件下，太阳能飞行器的翼载荷。从图中可以看出，当载荷能力为 0.2 时，飞行器的翼载荷约为 5.3 kg/m²，而当载荷能力为 0.1 和 0.05 时，飞行器的翼载荷分别为 4.71kg/m² 和 4.46 kg/m²。

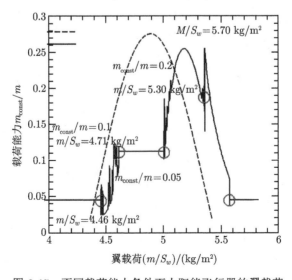

图 2-15 不同载荷能力条件下太阳能飞行器的翼载荷

翼载荷和翼面积之间的关系如图 2-16 所示。从该图中可以看出,翼面积与翼载荷之间呈反比例关系,这是与常规飞行器设计最大的不同。通常来说,常规飞行器的翼载荷与翼面积通常呈正比例关系。产生这一现象的主要原因是高空长航时太阳能飞行器完全依靠太阳能提供能量,而一旦时间和地点确定,太阳能电池功率也就确定了;但是对于采用燃油或是电动力的常规飞行器,其能源可以视任务和设计飞行时间进行调整。

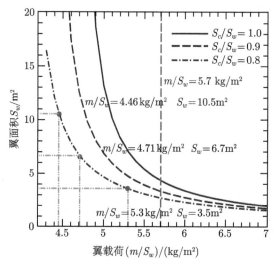

图 2-16 翼载荷与翼面积之间的关系

从图 2-16 中可以看出,综合考虑飞行器气动和制作过程的影响,一个较好的选择是 $m/S_w = 4.46\ \text{kg/m}^2$,此时 $S_w = 10.5\ \text{m}^2$。

从理论观点看,以上结果是合理的,但是此时,太阳飞行器的载荷能力只有 0.05,这与高空长航时太阳能飞行器 0.2 的载荷能力相差甚远。事实上,表 2-6 中所列的高空长航时太阳能飞行器的夜间消耗功率并没有达到其白天的能量消耗功率,因为这样将会导致其翼载荷过重而无法维持高空长航时飞行。这些高空长航时太阳能飞行器通常通过降高度的方式保持飞行速度[35,43],采用这种方式飞行器将不需要携带过重的储能电池。这种情况下,便可以将储能电池的质量视为不随翼载荷变化的常质量,这里,假设储能电池质量 $m_{\text{LS}} = 4\text{kg}$,则方程 (2.14) 变为

$$\frac{m}{S_w} = \bar{m}_c \frac{S_c}{S_w} + \frac{m_{\text{LS}}}{S_w} + \bar{m}_s + \frac{k_{\text{prop}} P_{\text{prop}} + m_{\text{em}} + m_{\text{ctrl}} + m_{\text{pl}}}{S_w}$$

$$\Rightarrow S_w = \frac{m_{\text{LS}} + k_{\text{prop}} P_{\text{prop}} + m_{\text{em}} + m_{\text{ctrl}} + m_{\text{pl}}}{\dfrac{m}{S_w} - \bar{m}_s - \bar{m}_c \dfrac{S_c}{S_w}} \tag{2.17}$$

　　在上述方程中 $m_{S_w} = \bar{m}_s + \bar{m}_c(S_c/S_w) = 2.3\text{kg/m}^2$。由此翼载荷可利用图 2-17 估计，当载荷能力为 0.2 时，翼载荷 $m/S_w = 2.88\text{kg/m}^2$。此时，翼载荷、翼面积和总质量之间的关系如图 2-18 所示。由此，可以计算出 $S_w = 14.7\text{ m}^2$，总质量 $m = 42.5\text{kg}$。由于展弦比 (AR) 已在表 2-8 中定义，由此可以计算出机翼的长度。当然，AR 的值也可以设置为变量，由于翼面积已经确定，可根据不同展弦比和机翼长度条件下的气动性能来选择适合的展弦比。

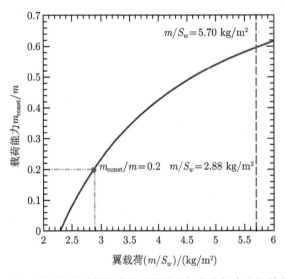

图 2-17　储能电池质量为常数时翼载荷与载荷能力之间的关系

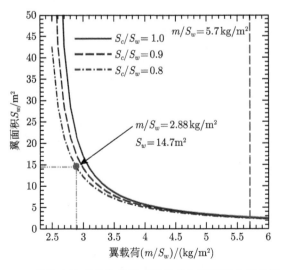

图 2-18　储能电池质量为常数时翼载荷与翼面积之间的关系

由此，在太阳能飞行器初始设计过程中，总质量和翼面积就确定下来了，下一步就是确定翼型。由于许多低雷诺数翼型可供选择，没有必要完全重新设计一个翼型。设计的需求通常可以通过从已有的翼型数据库中选择合适的翼型来满足。最后设计结果显示，所研究的太阳能飞行器总体参数设计方法在飞行器初始设计阶段可有效地确定总体设计参数。

2.4　本章小结

本章首先对太阳能飞行器获取和存储的方法进行了综述。总的来说，硅基光伏电池是太阳能飞行器采用的主要太阳能获取方式。尽管目前诸如砷化镓等光伏电池的能量转换效率较硅基光伏电池要高，但由于在太阳能飞行器上的封装特性和可靠性等问题，砷化镓光伏电池还没有成功应用于太阳能飞行器。在太阳能飞行器上使用最广泛的储能电池是锂电子电池和锂电子聚合物电池。但是用 Li-S 电池等高能量密度的储能电池替代锂电子电池和锂电子聚合物电池是未来的发展趋势。尽管燃料电池有可能在能量密度上取得突破，但是由于燃料电池的能量集中等问题，使得该技术在太阳能飞行器上的应用并不广泛。

在此基础上，本书对太阳能飞行器设计参数确定方法进行了讨论，通过分析能量平衡，提出以能量为中心的初始参数确定方法。研究结果显示：对于太阳能飞行器设计而言，能量是最主要的约束条件，这使得太阳能飞行器的参数设计与常规飞行器的设计完全不同。太阳能电池日平均功率决定了太阳能飞行器所允许的翼载荷上界。太阳能飞行器的总质量可以分为两部分：第一部分随翼面积的增大而增加；第二部分不随翼面积的增大而增加。在第一部分中，结构翼载荷、光伏电池翼载荷和储能电池翼载荷是最主要的组成要素。

在当前光伏电池和储能电池技术条件下，在跨昼夜飞行的过程中要使得太阳能飞行器的夜间功率与白天功率相同十分困难，这将使太阳能飞行器的翼载荷变得非常大，从而难以在工程上实现。提高太阳能电池效率、提升储能电池能量密度或是寻找其他的适用于太阳能飞行器获取和存储能量的方法是未来高空长航时太阳能飞行器发展的关键。

第 3 章 重力滑翔运动特征分析

3.1 引 言

通过对高空长航时飞行器的多次设计尝试，人们逐渐认识到：限制高空长航时太阳能飞行器发展的关键因素是在满足重量约束的条件下如何满足飞行器的功率需求[9,197]。目前储能电池的能量密度约为 350W·h/kg[198]，未来十年，预计该值可能翻倍[12]。即便如此，例如，A. Noth[13] 的研究结果显示：对于太阳能飞行器而言，储能电池的重量须占据飞行器总重的 30%～50%，要满足昼夜持久巡航所需的功率，必须携带足够多的储能电池，而储能电池的重量又使得飞行器需要消耗更多的功率。因此，在当前的技术水平下，一味地增加太阳能飞行器携带的储能电池，并不是提高飞行器高空长航时飞行能力的有效途径。

实现太阳能飞行器的高空长航时飞行，除了等待大型轻质结构和储能电池技术的突破性进展以外，研究其他可行的途径来提升飞行器的高空长航时能力也非常重要。储能电池主要用于太阳能飞行器的夜间供电，采用合适的轨迹控制方法进行无动力滑翔是一种有效的降低飞行器夜间飞行功率消耗的方法[43]。众所周知，重力滑翔是飞行器在夜间没有储能电池供电情况下的唯一飞行器模式。在该模式下，飞行器利用重力势能补偿阻力所消耗的能量。因此，需要一个负航迹角使得重力在速度上的投影与飞行器阻力相平衡。研究滑翔机的学者也以指出，为提高滑翔机留空时间，应尽可能地使滑翔机在飞行过程中功率因子保持最大[62,199]。滑翔机运动主要在低空进行，飞行高度一般低于 500m 高度，而高空长航时太阳能飞行器的设计飞行高度通常为 20km，因此，要采用重力滑翔的方式实现太阳能飞行器的高空长航时飞行有如下几个问题需要解决：①采用什么样的飞行方式可以使得飞行器在下降单位高度的条件下飞行的时间最长？②这样的飞行器航迹有什么样的主要特征？适合于重力滑翔的高度区间范围是多少？③飞行器的初始飞行速度、飞行高度对航时性能有什么样的影响？基于这样的疑问，本章对太阳能飞行器的重力滑翔运动特征进行分析。

3.2 太阳能飞行器系统建模

太阳能飞行器的动力学方程是研究其运动特征的基础。为便于后续分析和处理，本节先对太阳能飞行器的动力学方程进行描述，接着针对动力学方程中各个参数的求取建立相应的模型,然后对重力滑翔的目标函数与边界条件进行描述,从而对重力滑翔的最优性条件进行推导。

3.2.1 动力学方程

高空长航时太阳能飞行器的机身通常具有轻质、柔性、大展弦比的特征,这些特征使得精确描述飞行器飞行过程中的姿态、机身结构等微观变化非常困难[200]。然而,针对重力滑翔运动特征问题的研究,关注的重点是飞行器飞行过程中航迹的宏观变化特征,因此,可以用简化的质点模型进行研究[41]。此时高空长航时太阳能飞行器的动力学方程可以表示如下:

$$\frac{\mathrm{d}V}{\mathrm{d}t} = \frac{T}{m} - \frac{D}{m} - g\sin\gamma \tag{3.1}$$

$$\frac{\mathrm{d}\gamma}{\mathrm{d}t} = \frac{L}{mV}\cos\sigma - \frac{g}{V}\cos\gamma \tag{3.2}$$

$$\frac{\mathrm{d}\Psi}{\mathrm{d}t} = \frac{L}{mV\cos\gamma}\sin\sigma \tag{3.3}$$

$$\frac{\mathrm{d}X}{\mathrm{d}t} = V\cos\gamma\cos\Psi \tag{3.4}$$

$$\frac{\mathrm{d}Y}{\mathrm{d}t} = V\cos\gamma\sin\Psi \tag{3.5}$$

$$\frac{\mathrm{d}h}{\mathrm{d}t} = V\sin\gamma \tag{3.6}$$

其中,V,γ,Ψ,σ 分别是飞行器空速、航迹角、航向角和倾角;X,Y,h 分别是惯性笛卡儿坐标系下的横向距离、纵向距离和高度;m 为飞行器总质量;T,L,D 分别是飞行器推力、升力和阻力。

3.2.2 气动力计算方法

求解动力学方程的过程中,必须对升力 L 和阻力 D 进行计算。对于高空长航时太阳能飞行器而言,需要考虑从海平面到 30km 高度之间的气动性能。通常,作用在飞行器上的气动力可以通过以下公式计算:

$$L = C_L S_w \left(\frac{1}{2}\rho V^2\right) \tag{3.7}$$

$$D = C_D S_w \left(\frac{1}{2}\rho V^2\right) \tag{3.8}$$

其中,C_L,C_D 分别为升力系数和阻力系数;ρ,S_w 分别为大气密度和翼展面积。

对于大展弦比的太阳能飞行器而言，C_L 和 C_D 与飞行器的翼性、飞行攻角、雷诺数密切相关。由于太阳能飞行器的机翼相对于机身而言非常大 (常规布局的太阳能飞行器机翼面积约占全机总面积的 80% 以上，飞翼布局的太阳能飞行器整机就是一个机翼)，相比常规翼型的飞行器而言，太阳能飞行器整机的升力系数与机翼的升力系数相差很小 [201]。因此，在简化计算中，可以用太阳能飞行器二维翼型的升力系数代替整机的升力系数。

太阳能飞行器的阻力系数由三部分组成，分别是翼阻 C_{Da}，非升力部分产生的寄生阻力 C_{Dp}，以及诱导阻力 C_{Di}。翼阻 C_{Da} 可以通过机翼的二维翼型进行计算；由于太阳能飞行器机身和机翼之间的干扰比较小，所以寄生阻力 C_{Dp} 通常非常小，通过飞行试验的估计，文中取 $C_{Dp}=0.005$[202]；诱导阻力可以通过下式计算：

$$C_{Di} = \frac{C_L^2}{e\pi AR} \tag{3.9}$$

其中 e 是 Oswald's 系数，AR 是展弦比。

由此，太阳能飞行器阻力系数的计算公式可以表示如下：

$$C_D = C_{Da} + C_{Dp} + C_{Di} \tag{3.10}$$

当前，获取给定翼型气动系数的方法主要有三种：风洞试验、计算流体力学 (CFD) 仿真以及采用工程估算软件计算 (比如 Profili 或 X-foil[1])。以 FX63-137 翼型为例，在雷诺数 $Re = 150000$ 的条件下，三种方法对翼型的升力系数和升阻力极曲线的计算结果如图 3-1 所示。其中，风洞数据来源于文献 [203]。CFD 采用 Fluent 仿真分析软件进行计算，计算条件设定为 C-H 型网格，最大网格长度小于展长的 1/1000，总网格数大约 50000，Spalart-Allmaras 湍流模型。工程估算采用 Profili 软件。

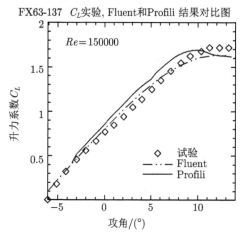
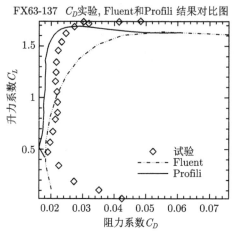

图 3-1　不同方法获得的升力系数与升阻力极曲线比较

从图 3-1 中可以看出，三种方法获得的升力系数的值重合度比较好，但是阻力系数的值相差较大，由此导致升阻力极曲线相差较大。总的来看，在升力系数范围为 [0.5, 1] 的区间内，Fluent 的计算结果与风动试验的计算结果比较接近，当升力系数大于 1 时 Fluent 计算的阻力结果显著偏大。

为定量地评估三种方法整体上的估算效果，以风洞试验的结果作为基准，表 3-1 列出了 Fluent 的计算结果和 Profili 的估算结果与基准之间的均值和标准差。从表 3-1 中可以看出，Fluent 计算的升力系数与基准相比较，均值偏差为 0.0084，均方差为 0.0574，而 Profili 估算结果相对应的值分别为 0.0757 和 0.0745；Fluent 计算的阻力系数与基准相比较，均值偏差为 0.0079，均方差为 0.0104，而 Profili 估算结果相对应的值分别为 0.0011 和 0.0090。由此可知，Fluent 对升力系数的计算更接近风洞试验数据，但是对阻力系数的计算结果偏差较大。对于大展弦比的太阳能飞行器而言，大部分的时间处于高升力系数的工作区间，从这个角度来看，Profili 的计算结果更适合于对飞行器长航时运动特征的分析，因此本书采用 Profili 对太阳能飞行器的气动性能进行估算。

表 3-1　Fluent/Profili 估算结果与风洞试验结果的对比

方法	均值偏差		均方差	
	升力系数	阻力系数	升力系数	阻力系数
Fluent	0.0084	0.0079	0.0574	0.0104
Profili	0.0757	0.0011	0.0745	0.0090

假设太阳能飞行器飞行过程中升力系数的变化区间为 [0.4, 1.2]，在飞行包线范围内，雷诺数的变化范围和攻角的变化范围如图 3-2 和图 3-3 所示。

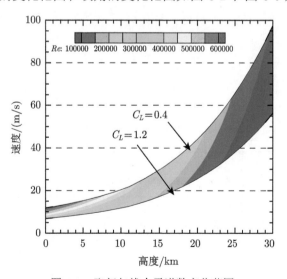

图 3-2　飞行包线内雷诺数变化范围

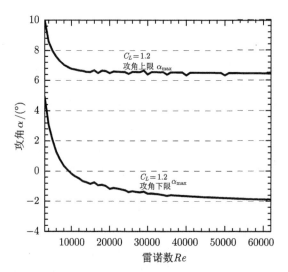

图 3-3　飞行包线内攻角变化范围

由此，可以将升力系数和阻力系数表示为雷诺数 Re 和攻角 α 的函数，即

$$
\begin{aligned}
C_L = C_L\left(h, V, \alpha\right) = C_L\left(Re, \alpha\right) = \sum_{i=0}^{N}\left(\sum_{j=0}^{M} C_L\left(i, j\right) Re^j\right)\alpha^i \\
C_D = C_D\left(h, V, \alpha\right) = C_D\left(Re, \alpha\right) = \sum_{i=0}^{N}\left(\sum_{j=0}^{M} C_D\left(i, j\right) Re^j\right)\alpha^i
\end{aligned}
\tag{3.11}
$$

其中 M 和 N 分别为雷诺数 Re 和攻角 α 拟合多项式的阶数，当取 $M = 5, N = 3$ 时，所对应的升、阻力系数 $C_L(i,j)$ 和 $C_D(i,j)$ 分别列于表 3-2 和表 3-3。

表 3-2　计算升力系数的拟合值表

$C_L(i,j)$	Re^5	Re^4	Re^3	Re^2	Re^1	Re^0
α^3	-2.252×10^{-5}	3.963×10^{-3}	-2.575×10^{-1}	7.445×10^{0}	-8.855×10^{1}	2.381×10^{2}
α^2	1.579×10^{-6}	-2.616×10^{-4}	1.538×10^{-2}	-3.651×10^{-1}	2.445×10^{0}	2.938×10^{0}
α^1	4.007×10^{-7}	-7.170×10^{-5}	4.768×10^{-3}	-1.430×10^{-1}	1.799×10^{0}	9.626×10^{-1}
α^0	8.651×10^{-9}	-1.763×10^{-6}	1.400×10^{-4}	-5.459×10^{-3}	1.069×10^{-1}	-2.847×10^{-1}

表 3-3　计算阻力系数的拟合值表

$C_D(i,j)$	Re^5	Re^4	Re^3	Re^2	Re^1	Re^0
α^3	2.559×10^{-7}	-5.947×10^{-5}	4.943×10^{-3}	-1.865×10^{-1}	3.308×10^{0}	-2.635×10^{1}
α^2	-1.437×10^{-7}	2.661×10^{-5}	-1.838×10^{-3}	5.873×10^{-2}	-8.829×10^{-1}	6.611×10^{0}
α^1	-3.163×10^{-9}	6.717×10^{-7}	-5.250×10^{-5}	1.833×10^{-3}	-2.613×10^{-2}	1.803×10^{-1}
α^0	1.191×10^{-10}	-1.321×10^{-8}	-2.760×10^{-8}	5.094×10^{-5}	-2.103×10^{-3}	4.420×10^{-2}

3.2.3 能源管理系统

太阳能飞行器与其他飞行器的主要区别在于能量获取方式[204]，太阳能飞行器通过贴在机翼上的太阳能电池将环境中的太阳辐射转换为电能。由于太阳能只在全天特定的时间段可用，为了实现全天的长航时飞行，太阳能飞行器必须将白天富余的电能储存起来，供夜间使用[205]，实现这一逻辑的主要器件是能源管理系统。该系统的功能可以描述如下：白天，将太阳能电池转化的太阳能分成两部分，一部分提供给电机和机载能源系统，另一部分给储能电池充电；夜间，释放储能电池的电量维持飞行器的飞行。对于光伏系统，能源管理系统中还必须加入最大功率点跟踪 (MPPT) 算法，以使得太阳能电池从太阳辐射中获取的能量最大化[164]，同时还需要一个功率转化装置以控制推进系统的功率。表示能源管理器中各器件效率的符号和含义列于表 3-4。典型的太阳能飞行器能源管理系统如图3-4 所示。

表 3-4 能源管理器中各器件效率的符号和含义

符号	含义
η_{SC}	太阳能电池阵光电转化效率
η_{MPPT}	最大功率点跟踪器效率
η_{BM}	储能电池管理器效率
η_{B}	储能电池放电深度
η_{PC}	功率转化器效率
η_{A}	电机/螺旋桨推进效率

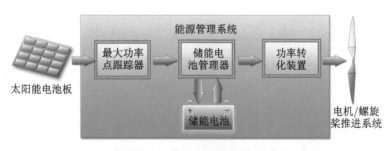

图 3-4 典型的太阳能飞行器能源管理系统示意图

3.2.4 太阳辐射强度估计模型

对于高空长航时飞行器，其飞行高度高 (约 20km)，环境中温度、湿度和反照率对太阳辐射强度的影响可以忽略。但是，飞行器的太阳能电池阵在空间的方向和倾斜角度上将对所能收集到的太阳能产生影响[206]。太阳能飞行器处于稳定工作状态时，飞行姿态较为稳定，并且俯仰角度和倾斜角度也较小，为简化起见，在对太阳辐照进行估计时，可以认为飞行器始终处于零度俯仰角和零度倾斜角的状态，这样，单位面积上的太阳辐射强度可以按如下公式进行计算[35]：

$$P_S = I_{0n} \tau \sin(\theta) \tag{3.12}$$

$$I_{0n} = I_{SC} (r_0/r)^2 \tag{3.13}$$

$$r = r_0 (1 - \varepsilon^2) / (1 + \varepsilon \cos \alpha_{day}) \tag{3.14}$$

$$\alpha_{day} = 2\pi (d_n - 4) / 365 \tag{3.15}$$

$$\theta = \frac{\pi}{2} - \arccos [\sin \phi \sin \delta + \cos \phi \cos \delta \cos \omega(t)] \tag{3.16}$$

$$\delta = \frac{23.45\pi}{180} \sin \left(360 \frac{284 + d_n}{365} \right) \tag{3.17}$$

$$\omega(t) = \pi - \pi t/12 \tag{3.18}$$

公式 (3.12)~(3.18) 中符号的含义列于表 3-5。

表 3-5   公式 (3.12)~(3.18) 中符号的含义

符号	含义	单位
P_S	单位面积太阳辐射强度	W/m^2
I_{0n}	地外太阳辐射强度	W/m^2
τ	投射系数	—
θ	天顶角	(°)
I_{SC}	地外太阳辐射强度常数	1367 W/m^2
r_0	平均日地距离常数	149597890km
r	日地距离	km
ε	地球扁率	—
α_{day}	天数角	(°)
d_n	天数；一年中的 1 月 1 日为 1,12 月 31 日为 365	—
ϕ	当地纬度	(°)
δ	太阳倾斜角	(°)
ω	时角	(°)
t	当地时间	h

以长沙地区 (28.2°N，112.6°E) 7 月 15 日为例，一天中单位面积上的太阳辐射功率 P_S 随时间的变化关系如图 3-5 中的点划线所示。图 3-5 中的实线为一天中单位面积上太阳辐射的总能量随时间的变化关系，其可按公式 (3.19) 计算，其

中, $t \in \begin{bmatrix} 0, & T \end{bmatrix}$, T 为一日时长。图 3-5 中的双点划线为一天中单位面积上太阳辐射强度的平均功率 P_{ms}, 可按公式 (3.20) 计算。

$$E_S = \int_0^t P_S \mathrm{d}t \tag{3.19}$$

$$P_{\mathrm{ms}} = \frac{\int_0^T P_S \mathrm{d}t}{T} \tag{3.20}$$

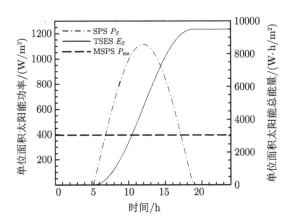

图 3-5　长沙地区 7 月 15 日太阳辐射功率示意图

一年中, 地球上各地区太阳辐射强度的日平均功率 P_{ms} 如图 3-6 所示。一年中平均功率最大的地方被特别地标示出来, 在北半球是夏至日的北极点, 在南半球是冬至日的南极点。

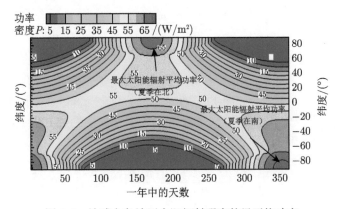

图 3-6　地球上各地区太阳辐射强度的日平均功率

3.2.5　太阳能飞行器推进系统

对于太阳能飞行器而言，从太阳能电池阵上获得的总功率 P_{sp} 可以表示如下：

$$P_{\mathrm{sp}} = P_S S_C \eta_{\mathrm{SC}} \eta_{\mathrm{PC}} \tag{3.21}$$

其中，S_C 为太阳能电池阵的面积，η_{SC} 为太阳能电池阵光电转换效率，η_{PC} 为功率转换装置的效率。

储能电池中的可用能量可以按以下公式简化计算：

$$E_{\mathrm{batt}} = m_b E_b \eta_b - \int_{t_0}^{t_f} U I \mathrm{d}t \tag{3.22}$$

$$\dot{E}_{\mathrm{batt}} = q = U I \tag{3.23}$$

其中，m_b 为电池重量；E_b 为电池能量密度；η_b 为储能电池放电系数；q 为能量释放速率，即放电功率；U 为储能电池放电电压；I 为放电电流，其值根据电机/螺旋桨的需求功率的变化而变化，但受到最大放电电流 $I_{\max}$ 的限制。

储能电池的输出功率可以表示如下：

$$P_b = \begin{cases} U I, & E_{\mathrm{batt}} > 0 \\ 0, & E_{\mathrm{batt}} = 0 \end{cases} \tag{3.24}$$

输入到电机/螺旋桨的功率可表示为

$$P_{\mathrm{motor}} = (P_{\mathrm{sp}} + P_b)\, \delta_p \tag{3.25}$$

其中 δ_p 为动力调整值。由此可以计算太阳能飞行器的推力为

$$T = \frac{P_{\mathrm{motor}} \eta_m \eta_p}{V} \tag{3.26}$$

其中 η_m 和 η_p 分别为电机和螺旋桨的效率。这里需要注意，方程 (3.24) 和 (3.25) 显示，输入到电机/螺旋桨的功率 P_{motor} 由电池放电电流 $I(0 < I < I_{\max})$ 和功率调整值 $\delta_p(0 < \delta_p < 1)$ 两个变量共同确定。为了简化计算，在太阳能飞行器的动力学方程中，采用推力 T 作为控制变量而不是 I 和 δ_p。通过方程 (3.24) 和 (3.25) 可知，推力 T 的上限为

$$T_{\max} = \begin{cases} \dfrac{(P_{\mathrm{sp}} + U I_{\max})\, \eta_m \eta_p}{V}, & E_{\mathrm{batt}} > 0 \\[3mm] \dfrac{P_{\mathrm{sp}} \eta_m \eta_p}{V}, & E_{\mathrm{batt}} = 0 \end{cases} \tag{3.27}$$

3.3 重力滑翔解存在性条件

3.3.1 目标函数与边界条件

1. 目标函数

飞行器采用不同的滑翔方式,将具有不同的运动特征。对于典型的滑翔机,根据不同的目标,可以分为竞时滑翔和竞速滑翔[207]。前者以飞行总时间作为竞技目标,后者以飞行过程中的最大时速作为衡量标准。对于高空长航时飞行器而言,提出重力滑翔概念的出发点是希望在夜间通过无动力重力滑翔的方式,使飞行器在夜间保持飞行的同时尽可能地减少能源消耗,因此是一个典型的竞时滑翔问题。对于低空的竞时滑翔问题而言,环境中的热气流和风场分布将对飞行器飞行时间产生至关重要的作用。但是对于太阳能飞行器,大多时间其飞行高度位于平流层,热气流的影响已非常微弱;风场分布的影响将在第 6 章进行讨论。本章主要讨论无风条件下的重力滑翔运动特征,因此,本问题中的目标函数可参考竞时滑翔的形式,表示如下:

$$\min \ J = t_0 - t_f \tag{3.28}$$

其中,J 表示优化指标,t_0 和 t_f 分别表示为整个滑翔过程中的初始时间和终端时间。

2. 边界条件

为了定量地衡量不同高度和不同初速度条件下,太阳能飞行器的重力滑翔运动特征,滑翔过程中需要设定统一的边界条件。本问题中,只考虑纵向平面内的滑翔运动,因此航向角和横向坐标始终为零,即

$$\Psi = 0, \quad Y = 0 \tag{3.29}$$

在此条件下,滑翔运动过程中初始边界条件设定为

$$\begin{aligned}
V(t_0) &= V_0 \\
\gamma(t_0) &= \gamma_0 \\
X(t_0) &= X_0 \\
h(t_0) &= h_0
\end{aligned} \tag{3.30}$$

终端边界条件设定为给定的高度,对于其他变量没有终端边界条件的约束,即

$$h(t_f) = h_f \tag{3.31}$$

在滑翔运动方程 (3.1)∼(3.6) 中，控制滑翔轨迹的自变量是升力系数 C_L 和倾角 σ(阻力系数 C_D 可以视为升力系数 C_L 的函数)。由于不考虑横向运动，倾角 σ 恒等于零，而升力系数 C_L 为攻角 α 的函数，因此，整个控制方程中，控制变量为攻角 α，如图 3-3 所示，攻角 α 需在整个滑翔过程中满足以下约束条件：

$$\alpha_{\min} \leqslant \alpha \leqslant \alpha_{\max} \tag{3.32}$$

同时，状态变量也要满足以下约束条件：

$$\begin{aligned} V_{\min} &\leqslant V \leqslant V_{\max} \\ \gamma_{\min} &\leqslant \gamma \leqslant \gamma_{\max} \\ h_f &\leqslant h \leqslant h_0 \end{aligned} \tag{3.33}$$

由此，太阳能飞行器的重力滑翔运动特征问题转化为了以方程 (3.28) 为性能指标的最优化问题。其中，自变量为攻角 α，边界条件为方程 (3.30) 和 (3.31)，动力学约束为方程 (3.1)∼(3.6)，状态变量约束条件为方程 (3.32) 和 (3.33)。

3.3.2　最优解存在性条件

1. 极小值必要性条件

对于方程 (3.28) 定义的极小值问题，利用 Pontryagin 最小值原理，可以得到满足极值的必要条件。根据方程 (3.29)，动力学方程中的状态变量可以简化为

$$x = \begin{bmatrix} V & \mu & h & x \end{bmatrix}^{\mathrm{T}} \tag{3.34}$$

控制变量为 α，由此可得 Hamiltonian 函数为

$$\begin{aligned} &H\begin{pmatrix} V & \gamma & X & h & \lambda_V & \lambda_\gamma & \lambda_X & \lambda_h & \alpha \end{pmatrix} \\ &= -1 + \lambda_V \left(-\frac{D}{m} - g\sin\gamma \right) + \lambda_\gamma \left(\frac{L}{mV} - \frac{g\cos\gamma}{V} \right) + \lambda_X V\cos\gamma + \lambda_h V\sin\gamma \end{aligned} \tag{3.35}$$

其中，$[\lambda_V, \lambda_\gamma, \lambda_X, \lambda_h]^{\mathrm{T}}$ 为协状态变量，协状态方程为

$$\begin{cases} \dot\lambda_V = -\dfrac{\partial H}{\partial V} = -\dfrac{\lambda_\gamma}{mV^2}\left(L - mg\cos\gamma\right) + \lambda_X\cos\gamma + \lambda_h\sin\gamma \\[2mm] \dot\lambda_\gamma = -\dfrac{\partial H}{\partial \gamma} = -\lambda_V g\cos\gamma + \dfrac{\lambda_\gamma g\sin\gamma}{V} - \lambda_X\sin\gamma + \lambda_h V\cos\gamma \\[2mm] \dot\lambda_X = -\dfrac{\partial H}{\partial X} = 0 \\[2mm] \dot\lambda_h = -\dfrac{\partial H}{\partial h} = 0 \end{cases} \tag{3.36}$$

一阶最优性条件为

$$\frac{\partial H}{\partial \alpha} = -\frac{\lambda_V}{m}\frac{\partial D}{\partial \alpha} + \frac{\lambda_\gamma}{mV}\frac{\partial L}{\partial \alpha} = 0 \tag{3.37}$$

二阶最优性条件为 Hamiltonian 函数的 Hessian 矩阵半负定 [37]，即

$$\frac{\partial^2 H}{\partial \alpha^2} = -\frac{\lambda_V}{m}\frac{\partial^2 D}{\partial \alpha^2} + \frac{\lambda_\gamma}{mV}\frac{\partial^2 L}{\partial \alpha^2} \leqslant 0 \tag{3.38}$$

在重力滑翔过程中，由于终端时刻 t_f 不确定，由横截条件可得

$$\frac{\partial\left[h\left(t_f\right) - h_f\right]}{\partial\begin{bmatrix} V_f & \gamma_f & X_f & h_f \end{bmatrix}^{\mathrm{T}}}v - \begin{bmatrix} \lambda_{Vf} \\ \lambda_{\gamma f} \\ \lambda_{Xf} \\ \lambda_{hf} \end{bmatrix} = 0 \tag{3.39}$$

$$\left(\frac{\partial\left[h\left(t_f\right) - h_f\right]}{\partial t_f}\right)v + H\left(V_f, \gamma_f, X_f, h_f, \lambda_{Vf}, \lambda_{\gamma f}, \lambda_{Xf}, \lambda_{hf}, \alpha_f\right) = 0 \tag{3.40}$$

联立方程 (3.39) 和 (3.40) 可得

$$\lambda_f = \begin{bmatrix} \lambda_{Vf} \\ \lambda_{\gamma f} \\ \lambda_{Xf} \\ \lambda_{hf} \end{bmatrix} = \begin{bmatrix} 0 \\ 0 \\ -v \\ 0 \end{bmatrix} \tag{3.41}$$

$$v = -\lambda_{hf} = -\frac{1}{V_f \sin \gamma_f} \tag{3.42}$$

至此，方程 (3.37)、(3.38)、(3.41) 和 (3.42) 提供了满足性能指标 (3.28) 取极小值的必要性条件。

2. 数值解法与初值估计

在满足动力学约束的条件下，求解满足极小值必要性条件的控制变量的问题，是一个典型的两点边值最优控制问题，解决该问题的基本方法为变分法 [49]。对于工程上遇到的问题，变分法通常很难给出解析解。目前，求解该类问题的数值解法可以分为间接法和直接法两大类 [208]。间接法通常具有较高的精度，但可靠性较差 [209]。直接法则是将最优控制问题转化为非线性规划问题，然后采用最优化方法求解 [51,53-56]。该方法通过正交多项式 (比如 Gauss 多项式，Legendre 多项式，Chebyshev 多项式等) 将状态变量和控制变量进行参数化以满足极小值必要

性条件。该方法又称为伪谱方法，根据采用的不同的正交多项式称为对应的伪谱法。本书采用 Gauss 伪谱法 (GPM) 对重力滑翔运动特征进行分析，关于 GPM 的详细说明可参见文献 [52, 210, 211]。

首先，通过如下的仿射变换对最优控制问题的时域进行归一化

$$t = \frac{t_f + t_0}{2} + \frac{t_f - t_0}{2}\tau \tag{3.43}$$

其中，$\tau \in [-1, 1]$ 为归一化时间域，则飞行器动力学方程可转化为

$$\frac{\mathrm{d}}{\mathrm{d}\tau}x = \frac{t_f - t_0}{2}f(x, u, \tau) \tag{3.44}$$

动力学方程中的状态变量 x 可用 $N+1$ 阶 Lagrange 插值多项式表示为如下形式：

$$x(\tau) \approx X(\tau) = \sum_{i=0}^{N} X(\tau_i) L_i(\tau) \tag{3.45}$$

其中，$L_i(\tau)$ 定义如下：

$$L_i(\tau) = \prod_{j=0, j \neq i}^{N} \frac{\tau - \tau_j}{\tau_i - \tau_j} \tag{3.46}$$

采用相类似的方法，控制变量 α 可用 Lagrange 插值多项式 $L_i^*(\tau)$ 表示为如下形式：

$$\alpha(\tau) \approx A(\tau) = \sum_{i=1}^{N} A(\tau_i) L_i^*(\tau) \tag{3.47}$$

其中

$$L_i^*(\tau) = \prod_{j=1, j \neq i}^{N} \frac{\tau - \tau_j}{\tau_i - \tau_j} \tag{3.48}$$

由此，状态变量 x 的导数可以方程 (3.45) 表示如下：

$$\dot{x}(\tau) \approx \dot{X}(\tau) = \sum_{i=0}^{N} x(\tau_i)\dot{L}_i(\tau) = \sum_{i=0}^{N} D_{ki}x(\tau_i) \tag{3.49}$$

其中 D_{ki} 为 $N \times (N+1)$ 阶微分矩阵的第 (k, i) 个元素。

通过以上近似, 动力学方程约束被转换成为代数约束

$$
\begin{cases}
\displaystyle\sum_{i=1}^{N+1} D_{ki} V\left(\tau_i\right) = \frac{t_f - t_0}{2m}\left[-D\left(\tau_k\right) - mg\sin\mu\left(\tau_k\right)\right] \\[3mm]
\displaystyle\sum_{i=1}^{N+1} D_{ki}\mu\left(\tau_i\right) = \frac{t_f - t_0}{2mV\left(\tau_k\right)}\left[L\left(\tau_k\right) - mg\cos\mu\left(\tau_k\right)\right] \\[3mm]
\displaystyle\sum_{i=1}^{N+1} D_{ki} h\left(\tau_i\right) = \frac{t_f - t_0}{2} V\left(\tau_k\right)\sin\mu\left(\tau_k\right) \\[3mm]
\displaystyle\sum_{i=1}^{N+1} D_{ki} x\left(\tau_i\right) = \frac{t_f - t_0}{2} V\left(\tau_k\right)\cos\mu\left(\tau_k\right)
\end{cases}
\tag{3.50}
$$

其中, $\tau_k, k = 1, 2, \cdots, N$ 为 Legendre-Gauss(LG) 点。状态变量的边界条件约束被转换为

$$
\begin{aligned}
V\left(-1\right) &= V_0 \\
\mu\left(-1\right) &= \mu_0 \\
h\left(-1\right) &= h_0 \\
x\left(-1\right) &= x_0 \\
h\left(1\right) &= h_f
\end{aligned}
\tag{3.51}
$$

对于 Mayer 形式的最优控制方程, 性能指标函数中不含有状态变量, 因此, 转换后的最优化问题, 其性能指标依然可以沿用方程 (3.28) 表示。

3. 初值估计

采用 GPM 伪谱方法需要对解的初值进行估计, 好的初值可以提高求解的速度和效率。对于典型的飞行器滑翔问题, 下沉速度 V_{SR} 可以表示为 $V\sin\gamma$[207], 在小的下滑航迹角的条件下, $\sin\gamma$ 可以近似为升阻比的倒数, 即

$$
V_{\mathrm{SR}} = V\sin\gamma \approx V\frac{C_D}{C_L}
\tag{3.52}
$$

在滑翔飞行阶段, 升力近似等于重力

$$
mg \approx C_L S_w\left(\frac{1}{2}\rho V^2\right)
\tag{3.53}
$$

即

$$
V \approx \sqrt{\frac{2mg}{\rho S_w C_L}}
\tag{3.54}
$$

由此可得

$$V_{\mathrm{SR}} = \sqrt{\frac{2}{\rho}\left(\frac{mg}{S_w}\right)\left(\frac{C_D}{C_L^{3/2}}\right)} \tag{3.55}$$

对于给定的飞行器，翼载荷 mg/S_w 是常数；对于给定的飞行高度，大气密度 ρ 也是常数。所以在给定条件下，飞行器滑翔下沉速度完全由气动参数决定。这一结论与式 (3.37) 和 (3.38) 的必要性条件要求一致。由此，对于最优控制变量的初值，可以采用下式进行估计：

$$\alpha^{\mathrm{est}} = \min_{\alpha_{\min} \leqslant \alpha \leqslant \alpha_{\max}} \left(C_D/C_L^{3/2}\left(\alpha\right)\right) \tag{3.56}$$

3.4   重力滑翔运动特征

按照 3.3 节所述方法，本节对重力滑翔运动特征进行研究。首先，给定飞行器的初始状态和终端状态，计算典型的重力滑翔最优轨迹。通过定义航时因子的方式，分别分析了速度和高度对航时因子的影响关系。最后对太阳能飞行器通过重力滑翔的方式，实现长航时飞行的可行性进行研究。

3.4.1   典型重力滑翔轨迹

假设飞行器的初始速度为 $V_0 = 40\mathrm{m/s}$，初始航迹角 $\gamma_0 = 0°$，初始位置 $(X_0, h_0) = (0, 20000)\mathrm{m}$，终端条件设置为 $h_f = 19000\mathrm{m}$。典型重力滑翔轨迹的状态变量随时间变化的曲线如图 3-7 所示。

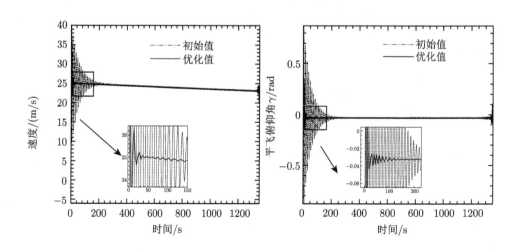

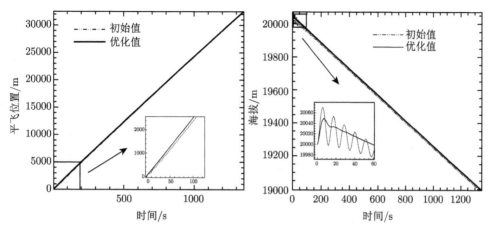

图 3-7　典型重力滑翔轨迹的状态变量随时间变化的曲线

典型重力滑翔轨迹的协状态变量随时间变化的曲线如图 3-8 所示。

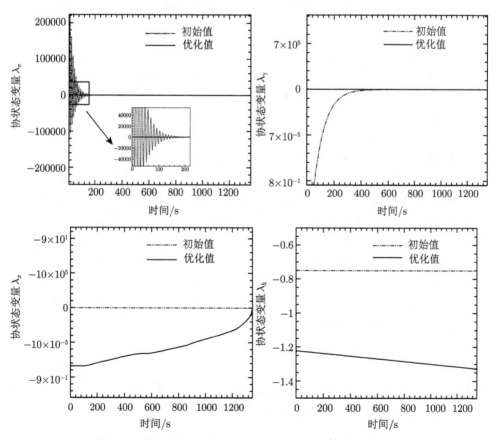

图 3-8　典型重力滑翔轨迹的协状态变量随时间变化的曲线

典型重力滑翔轨迹最优控制过程中 Hamilton 函数值和控制变量 α 随时间变化的曲线如图 3-9 所示。

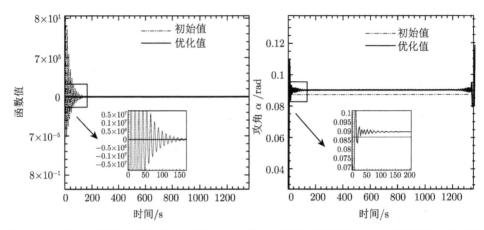

图 3-9 典型重力滑翔轨迹最优控制过程中 Hamilton 函数值和控制变量 α 随时间变化的曲线

从以上图 3-8 和图 3-9 中可以看出，方程 (3.56) 为轨迹优化问题提供了一个相对比较精确的初始值，仿真结果也显示所采用的 GPM 方法具有较高的数值精度和收敛性。从图 3-7 可以看出，在方程 (3.56) 给出的初始攻角的控制下，飞行器的滑翔时间为 1258s，而用 GPM 方法计算出的最优攻角的控制下，飞行器的滑翔时间为 1289s，两者的差距很小，仅相差 2.5%。图 3-7 和图 3-9 也显示，除了初始阶段，在稳态滑翔阶段，两者的速度和攻角曲线几乎也是重合的，这说明最优滑翔轨迹依然遵循方程 (3.56) 所表示的最小下沉速度原则。

但是如图 3-9 中的 Hamilton 函数值所示，通过对初始攻角控制下的航迹进行逆积分得到的 Hamilton 函数值与最优攻角控制下的航迹的 Hamilton 函数值比较可以看出，最优攻角对应的 Hamilton 函数值为接近零的常数，而初始攻角对应的 Hamilton 函数值在初始阶段振荡很剧烈，且幅度很大，这说明两者在滑翔初始时刻具有不同的动力学性质，但是在大约 200s 之后，两者的数值趋于一致。造成这一现象的原因主要是方程 (3.56) 给出的攻角值，是基于稳态滑翔假设的，也就是说飞行器始终处于稳定的滑翔速度。对于任意给定的初始速度，飞行器不可能始终处于稳态滑翔条件。因此需要一个振荡的过程使飞行器趋近于稳态滑翔状态。显然最优攻角比方程 (3.56) 给出的攻角能更快地使飞行器趋近于稳态滑翔状态，从而减少飞行器在滑翔过程中的能量损失，增大滑翔时间。由此可以看出，最优控制律对飞行器滑翔轨迹的生成具有重要的指导意义。

3.4.2 初始速度对最优滑翔轨迹的影响

从 3.4.1 节的讨论可知，在不同的初始速度条件下，飞行器必须通过一个振荡过程才能趋近稳态滑翔状态，这实际上是一个能量耗散的过程。本节研究该过程对最优滑翔轨迹的影响。从图 3-2 中可以看出，在 20km 高度处，飞行器的速度范围是 [25.5, 44.1] m/s。因此，将本节边界条件中的初始速度设置为在区间 [25.5, 44.1] m/s 中变化，变化步长为 1m/s，其余边界条件与典型重力滑翔的边界条件一致。由此可得飞行器滑翔时间和速度因子在不同初始速度条件下的变化关系，如图 3-10 中粗线所示。从图中可以看出，飞行器的总滑翔时间与初始速度近似成正比，但是速度从 25.5m/s 变化到 44.1m/s 的过程中，动能增加了将近 2 倍，而滑翔时间从 1224s 增加到了 1297s，仅增加了 6%。这说明，增加初始速度虽然能延长滑翔时间，但效率非常低。

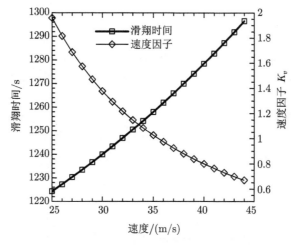

图 3-10 滑翔时间和速度因子随不同初始速度的变化关系

令 T 代表滑翔时间，V 代表初始速度，$0.5\,mV^2$ 则代表飞行器的动能。滑翔时间随不同初始速度变化，其本质是利用初始速度存储的动能来延长飞行器的滑翔时间。不同的初始速度条件下，飞行器从非稳态滑翔振荡到稳态滑翔的过程中所耗散的能量不同。为定量描述初始速度对滑翔时间的影响关系，可以定义飞行器的速度因子如下：

$$K_v = \frac{T}{V^2} \tag{3.57}$$

速度因子越大说明飞行器在该速度条件下的滑翔效率越高。速度因子随不同初始速度的变化关系如图 3-10 中的细线所示，随着速度的增大，速度因子不断降低，说明增加初始速度对延长滑翔时间的作用越来越低。

通过对典型最优滑翔轨迹的观察可以发现，除了初始振荡阶段，飞行器大部分时间处于稳态滑翔状态。在该状态下，飞行速度与升力系数的关系可以表示为

方程 (3.54) 所示。由此可以看出，在飞行包线范围内，升力系数 C_L 的变化范围越大，在飞行器不失速的情况下，速度的变化范围也越大，对于利用增加初始速度来增加飞行器滑翔时间也越有利。

总的来说，增加初始速度可以延长滑翔时间。因此，对于太阳能飞行器的设计而言，尽可能地拓宽飞行器升力系数 C_L 的变化范围对于飞行器获得好的滑翔性能是有利的。初始速度对滑翔时间的影响比较小，并且通过速度因子分析可以发现，随着初始速度的增加，延长滑翔时间的效率变得越来越低。

3.4.3   初始高度对最优滑翔轨迹的影响

在本章开始，假设太阳能飞行器的飞行高度范围是 [0, 30] km，滑翔轨迹的下降高度为 $\Delta h = 1$km。因此在飞行器的边界条件中设置初始高度分别为 $h_0 = [30, 29, \cdots, 2, 1]$ km，终端高度分别为 $h_f = [29, 28, \cdots, 1, 0]$ km。按照 3.4.2 节的分析，在飞行包线范围内，初始速度越低，速度因子越高，也就是初始速度越低对延长飞行航时的效率越高，因此在每个高度范围内都将速度值设置为图 3-2 中低线，即 $C_L = 1.2$ 时所对应的速度为初始速度。在此条件下，可以得到飞行器滑翔时间在不同初始高度条件下的变化关系，如图 3-11 中粗线所示。从图中可以看出初始高度越低，单位高度所能支持的滑翔时间越长。初始高度低于 4km 时，飞行器每下降 1km 所能支撑的滑翔时间超过 3600s，即 1h。而初始高度高于 22km 时，飞行器每下降 1km 所能支撑的滑翔时间小于 1000s。

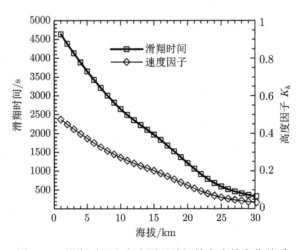

图 3-11   滑翔时间和高度因子随初始高度的变化关系

重力滑翔的本质是利用存储在高度中的重力势能来补偿飞行器在滑翔过程中阻力所消耗的能量，从而使飞行器能够保持滞空而不失速。不同的初始高度条件下，飞行器飞行过程中阻力消耗能量的水平不同，由此造成滑翔时间随初始高度的变化而变化。为定量描述这种变化，依然令 T 代表滑翔时间，Δh 代表下降的单位高度，$mg\Delta h$ 代表飞行器在单位高度上所存储的重力势能，则高度因子可以定义如下：

$$K_h = \frac{T}{g\Delta h} \tag{3.58}$$

高度因子描述了不同初始高度条件下，单位高度的重力势能所能支撑的滑翔时间。高度因子越大表明单位高度的重力势能所能支撑的滑翔时间越久。高度因子随初始高度的变化关系如图 3-11 中的细线所示。可以看出高度因子随初始高度的变化规律与滑翔时间随初始高度的变化规律相一致，随着初始高度的增加，飞行器的滑翔时间和高度因子都在变小。

　　滑翔时间随不同的初始高度变化的原因主要是由空气密度引起的。滑翔时间随空气密度的变化关系如图 3-12 所示，图中的空气密度是指飞行器在初始高度处所对应的空气密度。由于空气密度随高度呈指数律降低，因此随着初始高度的增高，下降单位高度所能支撑的滑翔时间快速地降低。

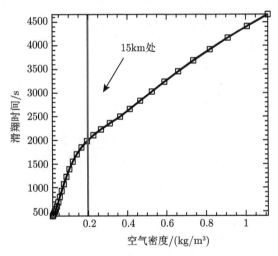

图 3-12　滑翔时间随空气密度的变化关系

　　图 3-12 也显示在空气密度小于 0.2kg/m³ 时，也就是飞行器飞行高度高于 15km 时，滑翔时间随空气密度的降低而降低的速率远快于空气密度大于 0.2kg/m³ 时的，也即飞行高度低于 15km 时的。

3.4.4　重力滑翔长航时飞行可行性分析

　　相比于采用储能电池储能，重力势能储能不但不需要增加飞行器的载重，还可以大大减小飞行器的翼载荷。尽管如此，从 3.4.3 节的讨论可以看出，高度因子随着初始高度的增大而迅速地减小。如图 3-12 所示，对于重力势能储能而言，在海拔大于 15km 后，储能效率快速的降低。那么，完全采用重力滑翔的方式实现太阳能飞行器的长航时飞行是否可行呢？适合于重力势能储能的高度区间又是多少？本节围绕这两个问题进行讨论。

　　首先，为不失一般性，假设夜间时长为 $T_{night} = 12h$。那么对于太阳能飞行器而言，如果白天在有太阳辐射的情况下能够飞到足够高的高度，在夜间没有太阳辐射的情况下通过重力滑翔能够支撑 T_{night} 时间的飞行，那么太阳能飞行器将不需要携带储能电池便能够实现长航时飞行。将图 3-11 中的滑翔时间对高度进行积分，可以得到图 3-13 所示的曲线。图中点划线代表从不同初始高度开始向上积分得到的总滑翔时间。最靠左的点划线代表从海平面开始向上积分得到的总滑翔时间，可以看到，当积分到大约 13km 时，总的滑翔时间超过了 T_{night}，即如果飞行器从 13km 的高度开始滑翔，当它滑翔到地面时，总的滑翔时间刚好可以超过 T_{night}。最靠右的点划线代表从 5km 的高空开始向上积分得到的总滑翔时间，同样可以看出，此时即使积分到 30km，总的滑翔时间也不能超过 T_{night}，也就是说，即使飞行器从 30km 开始滑翔，当它滑翔到 5km 时，总的滑翔时间依然不到 T_{night}，即如果将重力滑翔的最低高度设置为 5km，那么无论如何，太阳能飞行器是无法单独通过重力滑翔的方式实现长航时飞行的。

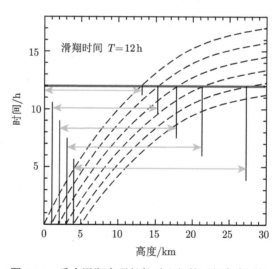

图 3-13　重力滑翔实现长航时飞行的可行高度区间

　　图 3-13 中双箭头表示的是仅通过重力滑翔的方式可以实现太阳能飞行器长航时飞行的可行高度区间。可以看出，设置一个最低的滑翔高度是非常重要的，最低滑翔高度对可行高度区间的影响也非常大。如果设置最低的滑翔高度是 0km，那么太阳能飞行器白天只要飞到 13km 以上，就可以实现长航时飞行。当最低滑翔

高度分别设置为 1km、2km、3km 和 4km 时，太阳能飞行器白天就必须分别飞到 15km、17km、21km 和 27km 以上才可以实现长航时飞行。当最低高度设置为 5km 以上时，太阳能飞行器就不能仅通过重力储能的方式实现长航时飞行，而必须辅助以储能电池储能。

在工程实现中，对于高空太阳能飞行器而言将最低滑翔高度设置到 5km 以下是不现实的。在 8~12km 左右的高度处，有一个大风区，这里气流的扰动使得太阳能飞行器的重力滑翔十分不稳定。因此，目前重力势能储能的方式还只能作为一种辅助的储能方式，须与储能电池结合使用以实现太阳能飞行器的长航时飞行。

3.5 本章小结

本章对重力滑翔的运动特征进行了系统的分析，通过对重力滑翔的动力学方程进行分析，利用极小值必要性条件和数值算法求解出最优的重力滑翔轨迹。然后讨论了初始速度、高度对最优滑翔轨迹的影响，并讨论了重力滑翔长航时飞行器的可行性。本章结论可归纳如下。

对于太阳能飞行器而言，宽的升力系数工作范围有利用飞行器获得好的滑翔性能。对于重力滑翔而言，初始速度越大，滑翔时间越长，也就是说速度可以存储部分能量用于滑翔，但这种形式存储的能量利用效率很低。

对于单位高度存储的重力势能而言，初始高度越低，滑翔的时间越长。初始高度低于 4km 时，太阳能飞行器每下降 1km，支撑滑翔的时间将超过 3600s；初始高度高于 22km 时，下降相同的高度，支撑滑翔的时间则小于 1000s。

从理论上讲，如果最低滑翔高度可以设置得足够低，太阳能飞行器仅通过重力滑翔的方式就可以实现长航时飞行。但是由于特定高度大风区的存在，基于目前的水平，重力势能储能还只能作为一种辅助的储能方式。

第 4 章　重力势能量存储等价性问题研究

4.1　引　　言

自然界中，在存在上升气流的条件下，鸟类可以通过环绕上升气流滑翔的方式，在不消耗自身能量的情况下增加高度，当达到理想高度后，通过重力滑翔朝向下一个存在上升气流的区域飞行[212]。通过对这一现象的分析可以发现，其实鸟类是将上升气流中的能量存储在重力势能中从而实现无动力的长航时飞行[18]。太阳能飞行器飞行过程也可以进行相似的类比，当存在太阳辐射时，飞行器将富余的能量储存在重力势能中，当太阳辐射不足时，通过重力滑翔的方式等待下一个白天。通过第 3 章的分析可知，如果允许的最低滑翔高度可以设置得足够低，太阳能飞行器可以仅通过重力滑翔就能度过整个夜晚，从而实现长航时飞行。

虽然在过去的研究中已经在对重力势能现象的理解上取得了长足的进步[18]，但是该方法在太阳能飞行器的应用中，还没得到充分的讨论[41,159,161,213]。导致这一状况的原因主要是对于以燃料为动力的飞行器而言，利用环境获取和存储能量并不是主要手段。但是对于太阳能飞行器而言，如何从环境中获取能量，并利用环境的特点将富余能量存储起来供夜间使用，对飞行器是否能够实现长航时飞行具有决定性影响。这就使得必须对这一问题进行更深入的讨论，以使该方法能够更适合在太阳能飞行器飞行中应用。储能电池是当前航空界最重要的一种能源存储手段，重力势能既然也可以作为一种能源存储方式，那么就需要有一种能源管理策略对重力势能进行有效的管理，同时还需要分析这两种储能方式的等价性，从而判断在什么情况下重力势能储能更有利，在什么情况下使用储能电池更有利。落实到应用，还需要讨论该如何利用重力势能储能的方式进行太阳能飞行器的航迹规划。本章将围绕着这几个关于重力势能储能的基础性问题进行研究。

4.2　基于重力势能储能的航迹规划方法

本节的主要目的是研究基于重力势能储能的太阳能飞行器长航时飞行航迹的特性。以小型的 1:4 太阳能试验验证机为例，通过对太阳能飞行器推力和能量的性质进行分析，得到了太阳能飞行器航迹规划的简化方法。该方法对基于重力势能储能的太阳能飞行器航迹规划问题具有指导和参考意义。

4.2.1 航迹规划问题描述

与第 3 章类似，本节研究太阳能飞行器长航时规划问题，其动力学方程依然表示为方程 (3.1)~(3.6) 的形式，初始边界条件与式 (3.30) 一致，终端边界条件为

$$h_f = h_0 \tag{4.1}$$

即太阳能飞行器在给定的储能电池重量下，从初始高度开始起飞后，经过一段时间飞行后又回到初始高度，并使得飞行航时最长。因此，目标函数依然可以写为 (3.28) 的形式。关于状态变量的约束条件与式 (3.33) 一致，控制变量为 T，C_L 和 σ，其所受约束可表示如下：

$$
\begin{aligned}
0 \leqslant T \leqslant T_{\max} \\
C_{L\min} \leqslant C_L \leqslant C_{L\max} \\
\sigma = 0
\end{aligned}
\tag{4.2}
$$

4.2.2 太阳能飞行器推力与能量特性分析

1. 推力上边界

按照方程 (3.12)~(3.18) 以及 (3.21) 可以估计出太阳能飞行器上太阳能电池所能供给电机的最大功率。以小型的 1:4 太阳能试验验证机为例 $S_C = 1.22 \ \mathrm{m}^2$，$\eta_{SC} = 0.12$，$\eta_{PC} = 0.80$，图 4-1 显示了在长沙地区 8 月份单位面积上的太阳辐射强度 P_S 和验证机上太阳能电池阵上所能获得的总功率 P_{sp} 随时间的变化关系。

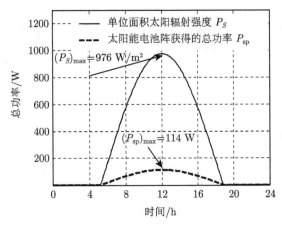

图 4-1 太阳辐射强度和总功率随时间的变化关系

如图 4-1 所示，从太阳能电池阵上所能获得的最大可用功率是 114W。对于小型的试验验证机，在飞行包线范围内，飞行速度变化不大，飞机在短时间内的

速度变化不大, 可以视为常数。为不失一般性, 假设飞机飞行速度是 12m/s, 按照方程 (3.27), 推力的上边界可以表示为如图 4-2 所示。图中深色区域代表由太阳能电池阵的功率所能获得的最大推力, 浅色区域代表由储能电池的功率所能获得的最大推力。储能电池的输出电压为 $U = 22\text{V}$, 最大的放电电流为 $I_{\max} = 10\text{A}$, 因此在电量未放完之前, 由储能电池可产生的最大推力大约为 10N, 该值比太阳能电池阵所能产生的最大推力要大。但是储能电池的功率受公式 (3.22) 的约束, 为实现长航时的目的, 储能电池中的功率必须按照一定的优化规则来使用。

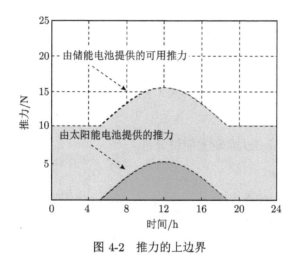

图 4-2　推力的上边界

与储能电池产生的推力相比, 太阳能电池阵产生的推力具有完全不同的特性。因为太阳能电池阵只能在一天中的特定时间产生电能, 因此, 如何在可用的时间内使得功率的使用效率最大化是使用太阳能电池阵产生的推力的主要问题。也即, 对于储能电池产生的推力的使用不需要考虑时间因素, 使用的约束条件是功率总量; 对太阳能电池阵产生的推力的使用需要考虑时间因素, 而功率总量是一定的。

2. 能量特性

由于 TV 的值可用于表示输入推进系统功率的大小, 对方程 (3.1) 移项并将方程 (3.6) 代入可得

$$TV = mV\frac{\mathrm{d}V}{\mathrm{d}t} + DV + mg\frac{\mathrm{d}h}{\mathrm{d}t} \tag{4.3}$$

从上式可以清晰地看出, 输入推进系统的功率转变成了三部分, 第一部分是转化成动能的功率 (第一项中速度的导数), 第二部分是阻力消耗的功率 (第二项中的 DV), 第三部分是转化成重力势能的功率 (第三项中高度的导数)。在飞行过

程中，第二项即阻力消耗的功率是不可避免的，对于仅在某段时间内可用的能源而言 (比如太阳能)，飞行器需要尽可能多地将能量存储为动能和势能的形式，同时使阻力的功率保持最小。这样，能源在可用的时间段中可以得到最大化的利用，当能源不可用时存储在动能和势能中的能量可以用于继续支持飞行器的长航时飞行。对于总量受到限制，但在任何时间段都可以使用的能源 (比如储能电池中存储的能源)，飞行器则需要尽可能地使飞行速度和飞行高度保持常值，即第一项和第三项为零，同时使得阻力消耗的功率保持最小。因为，储能电池中的能量使用不受时间限制，所以不需要存储在飞行器的动能和势能中。

从这个观点来看，尽管如方程 (3.25) 所示，对于输入推进系统的功率而言，太阳能功率和储能电池功率没有区别，但是对于太阳能功率和储能电池的功率使用来说，两者的使用方法并不相同。换句话说，对于长航时飞行而言，太阳能所产生的能量和储能电池中储存的能量具有不同的性质。当飞行器由太阳提供功率时，输入推进系统的功率必须尽可能得大，当飞行器由储能电池提供功率时，输入推进系统的功率必须尽可能地使得飞行速度和高度不发生变化。并且，无论使用何种能源提供功率，都要使阻力所消耗的功率尽可能小。

4.2.3 航迹规划方法

由 4.2.2 节所述可知，当飞行器由储能电池驱动时，需要使飞行器的速度和高度变化为零，即

$$\frac{dV}{dt} = 0, \quad \frac{dh}{dt} = 0 \tag{4.4}$$

方程 (4.4) 意味着飞行器处于升重平衡、推阻平衡的状态

$$L = mg \Rightarrow V_{level} = \sqrt{\frac{2mg}{\rho C_L S_w}} \tag{4.5}$$

$$T_{level} = D = \frac{mg}{K} \tag{4.6}$$

在这种状态下，飞行器所消耗的功率为

$$P_{level} = T_{level} V_{level} = mg\sqrt{\frac{2mg}{\rho S_w}} \left(\frac{C_D}{C_L^{3/2}} \right) = \frac{mg}{P_f} \sqrt{\frac{2mg}{\rho S_w}} \tag{4.7}$$

方程 (4.7) 显示飞行器平飞时所消耗的功率 P_{level} 与功率因子 P_f 和大气密度 ρ 的平方根成反比。由于海拔越低，大气密度越高，因此，平飞巡航高度越低，功率因子越高，越有利于使用储能电池的长航时飞行，即

$$C_L^* = \max_{C_{L\min} \leqslant C_L \leqslant C_{L\max}} (P_f(C_L)) \tag{4.8}$$

$$T_{\text{level}}^* = \frac{mg}{K(C_L^*)} \tag{4.9}$$

然而，当飞行器由太阳能电池阵转化的功率驱动时，虽然飞行器也需要保持阻力消耗的功率最小，即 C_L 也要使得功率因子 P_f 最大，但是需要使得输入到推进系统的功率最大，以使太阳能尽可能多地转化为动能和重力势能。所以此时飞行器的推力 T 需要由以下方程控制：

$$T_{\text{solar}}^* = \frac{P_{\text{sp}\max}\eta_m\eta_p}{V} \tag{4.10}$$

当飞行器从高高度滑翔到低高度时，毫无疑问，此时升力系数依然由方程 (4.8) 确定，而推力应当保持为零，即

$$T_{\text{gliding}}^* = 0 \tag{4.11}$$

通过以上讨论可知，基于重力势能储能的航迹规划问题可以分解为三部分，分别是由太阳能电池阵所转化的功率供电部分、储能电池功率供电部分和依靠重力势能滑翔部分。对于长航时飞行而言，在这三个部分中，升力系数都必须保持功率因子最小，而推力 T 可以表示为太阳能功率和高度的函数，即

$$T^* = \begin{cases} \dfrac{P_{\text{sp}}\eta_m\eta_p}{V}, & P_{\text{sp}} > 0, \quad h > h_{\text{threshold}} \\[2mm] 0, & P_{\text{sp}} = 0, \quad h > h_{\text{threshold}} \\[2mm] \dfrac{mg}{K(C_L^*)}, & \qquad\qquad h = h_{\text{threshold}} \end{cases} \tag{4.12}$$

方程 (4.8) 和 (4.12) 便是基于重力势能储能的太阳能飞行器长航时飞行过程中控制变量的变化规律。

4.2.4　仿真应用与讨论

1. 航迹仿真

以 1:4 太阳能试验验证机为例，最低飞行高度设置为 $h_{\text{threshold}}=1000\text{m}$，开始飞行时间设为早晨 9:00，对应于最大升阻比的升力系数为 $C_L = 0.75$，对应于最大功率因子的升力系数为 $C_L = 1.06$，升力系数的最大值为 1.2。按照方程 (4.8) 和 (4.12)，基于重力势能储能的飞行航迹以及动力学方程中状态变量和控制变量的变化曲线如图 4-3 ~ 图 4-8 所示：

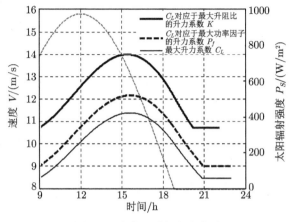

图 4-3 速度随时间变化曲线

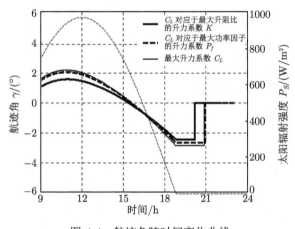

图 4-4 航迹角随时间变化曲线

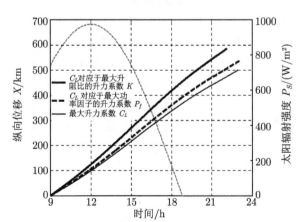

图 4-5 纵向位移 X 随时间变化曲线

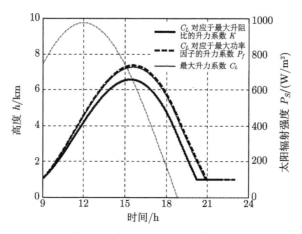

图 4-6　高度 h 随时间变化曲线

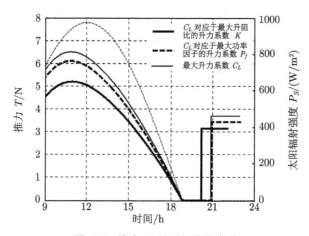

图 4-7　推力 T 随时间变化曲线

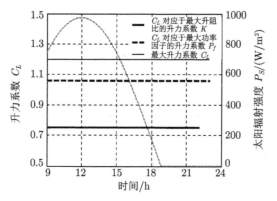

图 4-8　升力系数 C_L 随时间变化曲线

图 4-3 ～ 图 4-6 是动力学方程状态量随时间的变化关系，其中细的虚线是太阳能功率随时间的变化曲线，可用于显示太阳能功率对状态量的影响关系。粗实线代表使升阻比最大的曲线，粗虚线代表使功率因子最大的曲线，细实线代表使升力系数最大的曲线。从图 4-3 和图 4-4 中可以看出，升力系数越大，飞行器的速度越低；而升力系数越大，上升段的航迹倾角也越大。从飞行时间上来看，虽然三者飞行时间相差不大，但是从图 4-5 中可以明显看出，最大功率因子所对应的航迹飞行的时间最长。图 4-7 和图 4-8 是控制变量 T 和 C_L 的变化曲线。从图 4-7 可以看出，飞行器的推力在有太阳辐射的情况下完全由太阳辐射的强度决定。在没有太阳辐射的情况下，重力滑翔阶段，推力为零；在平飞阶段，推力由平飞速度决定。

2. 飞行过程中的功率讨论

从 4.2.4 节 1. 航迹仿真的讨论中可以看出，基于重力势能储能的长航时飞行航迹的基本特征是当太阳能功率足够时从低高度飞向高高度，然后当太阳能功率不足时通过重力滑翔从高高度下降到低高度，然后利用储能电池在低高度保持平飞巡航。通过这种方法，飞行器在上升的过程中除了阻力消耗一部分功率外，其余的太阳能功率都存储到重力势能和动能当中。当太阳能功率不足以维持飞行器巡航飞行时，飞行器将以重力滑翔的方式通过存储的重力势能和动能维持飞行。

如方程 (4.3) 所示，飞行过程中阻力所消耗的功率 P_D，动能变化所消耗的功率 P_K 和重力势能变化所消耗的功率 P_G 可以分别表示如下：

$$P_D = DV, \quad P_K = mV\frac{\mathrm{d}V}{\mathrm{d}t}, \quad P_G = mg\frac{\mathrm{d}h}{\mathrm{d}t} \tag{4.13}$$

在基于重力势能储能的飞行过程中 P_D、P_K 和 P_G 随时间的变化曲线如图 4-9 所示，其中，P_K、P_G 的正值表示太阳能功率存储在动能和势能中，负值表示动能和势能输出功率用于维持飞行。

从图 4-9 可以看出，基于重力势能储能的飞行航迹可以分为三部分，第一部分是上升阶段，该阶段太阳能功率足以维持飞行器飞行，P_K、P_G 的值也都为正值，说明不断地有能量存储到飞行器的重力势能和动能当中。同时也可以看出，动能的变化相对于重力势能的变化而言，非常小。其原因正如第 3 章所得出的结论：增加速度对飞行器的滑翔时间影响很微弱，所以在维持太阳能飞行器功率因子最大的情况下，需要尽可能少地将能量存储在动能当中。第二部分是下降阶段，在该阶段太阳能功率已不足以维持飞行并逐渐变弱，直至为零。该阶段一直持续到飞行的高度降落到设定的最低高度 $h_{\text{threshold}}$。第三部分是平飞阶段，在该阶段飞行器依靠储能电池供电维持平飞，直到储能电池耗尽为止。从仿真结果中可以看出，重力势能储能在长航时飞行过程中起了非常重要的作用。飞行器所携带的储能电池只能支持飞行器从 21:00 到 22:58 的平飞, 即 2h 的飞行时间。但是重力势能 P_G 则完全支持了飞行器从 18:45 到 21:00 的飞行, 即 2h 15min 的飞行时间, 同时还部分支持了从 15:30 到 18:45 的飞行。

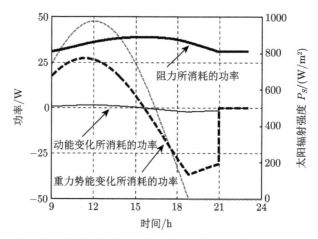

图 4-9　在基于重力势能储能的飞行过程中 P_D、P_K 和 P_G 随时间的变化曲线

4.3　太阳能飞行器电池质量与飞行轨迹联合优化方法

为解决对飞行器参数和航迹进行联合优化的困难, 本节采用 Gauss 伪谱法 (GPM) 和粒子群优化 (PSO) 算法相结合的方式对该问题进行求解。即 GPM 用于求解给定设计参数的太阳能飞行器的最小功率飞行航迹, 而 PSO 算法用于优化太阳能飞行器的设计参数, 以使得在满足高空长航时性能约束的条件下所需使用的储能电池质量最小。研究结果表明, 所提方法可以将飞行器总体设计参数和飞行航迹参数有机地结合起来, 提供了一种便于对这种参数耦合优化问题进行理解的方法。

4.3.1　飞行任务描述

本节研究的背景是如何才能使太阳能飞行器在不需要外来能源补给的情况下, 实现在临近空间高度的跨昼夜长航时飞行。如第 2 章所述, 在当前能源器件的技术水平条件下, 还很难完成上述任务。因此, 本节所研究的问题就是寻找一条太阳能飞行器的能量最优轨迹, 使飞行器在当前技术条件下能够实现跨昼夜飞行, 并且使所需要的储能电池质量最小。

按照重力势能储能的观点, G. Sachs 教授将太阳能飞行器依靠最少储能电池飞行的轨迹分成三段 [43], 即：储能爬升段、重力滑翔段和低高度巡航段。考虑到储能电池充电需要一个较为平稳的环境, 因此本节研究的过程中, 假设飞行器在储能电池充电的过程中处于水平巡航飞行的状态。这样，就将储能爬升段分解成了三段，整个飞行航迹就变成了五段，如图 4-10 所示。飞行段的具体划分如下。

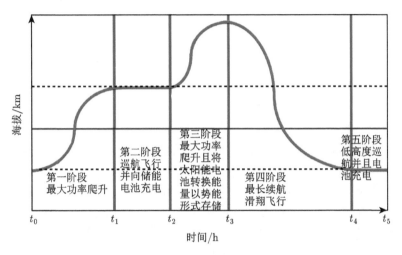

图 4-10 最优飞行轨迹示意图

第一段：低高度最大功率爬升。

本段开始于飞行器从太阳能电池板上获得的能源足够维持巡航飞行的时刻，当飞行器到达预定的任务巡航高度时本段结束。在本段飞行过程中，所有从太阳能电池上获得的能量都用于飞行器的爬升，储能电池既不提供能量也不存储能量。

第二段：预定高度的巡航飞行并向储能电池充电。

本段开始于飞行器到达预定的任务巡航高度，结束于储能电池电量充满。在本段飞行过程中，飞行器始终保持平飞，太阳能电池上所获得的能量一部分用于维持平飞巡航，其余部分全部用于向储能电池充电。

第三段：高高度最大功率爬升。

本段开始于飞行器储能电池电量充满，结束于太阳辐射强度为零。在本段飞行过程中，太阳能电池所转换的能量全部用于飞行器的爬升，储能电池既不充电也不放电。这样，部分太阳能将以飞行器动能和势能的形式存储起来。

第四段：重力滑翔飞行。

本段开始于太阳辐射强度为零的时刻，结束于飞行器到达预设的最低飞行高度。本段飞行过程中，飞行器始终处于滑翔飞行以释放上一阶段所存储的重力势能和动能。储能电池依然处于既不充电也不放电的状态。

第五段：低高度巡航飞行。

本段开始于飞行器到达预设的最低高度，结束于飞行器储能电池耗尽或是太阳能电池所获得的功率能够再次维持第一阶段的飞行的时刻。本阶段飞行过程中，飞行所需功率均由储能电池提供。

在第二段和第五段飞行航迹中，所预定的平飞巡航高度主要由飞行器在所执行的任务和夜间所适合飞行的最低高度确定。由于太阳能飞行器必须爬升到 20km以上才能获得足够大的覆盖面积和较好的临近空间气象条件。因此，第二段中的巡航高度设定为 20km。同时，由于太阳能飞行器结构强度的原因，飞行器所能承受的最大风速约为 40m/s [8]。因此，根据长沙地区不同高度的风场条件，第五段的飞行高度选择为 16km。出于同样的考虑，Zephyr 7 在夜间也将高度下降到这个高度。

优化的目的则是要寻找到使太阳能飞行器所携带的储能电池质量最少，能满足设定的飞行高度，而五段飞行时间总和正好等于一昼夜时间长度的飞行航迹。如前所述，整个过程即包括对飞行器储能电池质量的优化也包括对飞行航迹参数的优化。由于飞行器储能电池质量是飞行器的设计参数，而飞行器各阶段的飞行时间、飞行高度、速度、航迹角等是飞行器飞行航迹参数，这两类参数的性质完全不同，也难采用一种显性的关系式将两者联系起来。因此，该问题很难采用单一的常规算法进行处理。而如果采用两级优化的思想，便可以用一种比较简单的逻辑关系将这两类参数连接起来，并有利于对优化问题的理解。因此，本书采用将 PSO 算法和 GPM 联合组成两级优化的方法，来解决飞行器设计参数和航迹飞行参数相互耦合的问题。

4.3.2　航迹的 GPM 优化方法

1. 低高度最大功率爬升段

如 4.3.1 节所述，本段飞行器的主要任务是以最大的可用功率，从预定的低巡航高度飞到高巡航高度。所以，飞行器的所有可用功率 $P_{\max}(t)$ 将全部用于产生推力，在本阶段中，飞行的性能指标可设置如下：

$$\min\ J_1 = (t_1 - t_0) \tag{4.14}$$

飞行器动力学方程的边界条件设置如下：

$$
\begin{aligned}
V(t_0) &= V_0 \\
\mu(t_0) &= \mu_0 \\
h(t_0) &= h_0 \\
x(t_0) &= x_0 \\
Q(t_0) &= Q_0 \\
\mu(t_1) &= \mu_1 \\
h(t_1) &= h_1 \\
Q(t_1) &= Q_1
\end{aligned}
\tag{4.15}
$$

其中 $\mu_0 = \mu_1 = 0$，$h_0 = 16$ km，$h_1 = 20$ km，$x_0 = 0$ km，$Q_0 = Q_1 = 0$。

2. 预定高度的巡航飞行并向储能电池充电

本段飞行器的主要任务是在设定的 20km 高度巡航飞行并储能电池充电。所以本段最关心的是飞行器在水平巡航阶段的功率消耗，因此，飞行航迹的性能指标可表示如下：

$$\min \ J_2 = \int_{t_1}^{t_2} P_{\text{level}} \mathrm{d}t = \int_{t_1}^{t_2} T_h V \mathrm{d}t \tag{4.16}$$

在巡航飞行过程中

$$\mu = \dot{\mu} = \dot{V} = 0 \tag{4.17}$$

因此，飞行器动力学方程退化成如下形式：

$$\begin{cases} 0 = T_h \cos \alpha - D \\ 0 = T_h \sin \alpha + L - mg \\ \dot{h} = 0 \\ \dot{x} = V \\ \dot{Q} = q \end{cases} \tag{4.18}$$

其中储能电池的最大充电/放电功率受太阳辐射强度的约束。因此，可表示为如下形式：

$$q = P_{\text{sol}}(t) S_w \eta_e - \frac{TV}{\eta_p \eta_M} = P_{\text{sol}}(t) S_w \eta_e [1 - \delta(t)] \tag{4.19}$$

由此可知，巡航过程中，飞行所消耗的功率可按如下关系进行计算：

$$\begin{aligned} P_{\text{level}} &= T_h V = \frac{DV}{\cos \alpha} = \frac{L}{C_L/C_D} \frac{V}{\cos \alpha} = \frac{(mg - T_h \sin \alpha) V}{(C_L/C_D) \cos \alpha} \\ &= \frac{(mg - T_h \sin \alpha)}{(C_L/C_D) \cos \alpha} \sqrt{\frac{2mg}{\rho C_L S_w}} = \frac{C_D}{C_L^{3/2}} \left(\frac{mg - T_h \sin \alpha}{\cos \alpha} \right) \sqrt{\frac{2mg}{\rho S_w}} \end{aligned} \tag{4.20}$$

飞行过程中，最优攻角可表示为

$$\alpha^* = \min_{\alpha_{\min} \leqslant \alpha \leqslant \alpha_{\max}} (P_{\text{level}}) = \min_{\alpha_{\min} \leqslant \alpha \leqslant \alpha_{\max}} \left(\frac{C_D}{C_L^{3/2}} \left(\frac{mg - T_h \sin \alpha}{\cos \alpha} \right) \sqrt{\frac{2mg}{\rho S_w}} \right) \tag{4.21}$$

边界条件可表示为

$$\begin{aligned} V(t_1) &= V(t_2) = V_2 \\ \mu(t_1) &= \mu(t_2) = \mu_2 \\ h(t_1) &= h(t_2) = h_2 \\ Q(t_1) &= Q_1 \\ Q(t_2) &= Q_2 \end{aligned} \tag{4.22}$$

其中

$$V_2 = V(\alpha^*)$$
$$\mu_2 = 0$$
$$h_2 = 20\mathrm{km} \tag{4.23}$$
$$Q_1 = 0$$
$$Q_2 = m_b E_b$$

3. 高高度最大功率飞行

本段的主要任务是以最大功率，在太阳辐射消失之前，从高巡航高度飞到飞行器所能达到的最大高度。通过该过程将太阳能部分存储到重力势能和动能当中。因此，本段飞行过程中，所有的可用功率 $P_{\max}(t)$ 都将用于产生推力，因此，性能指标可表示如下：

$$\max\ J_3 = h(t_3) \tag{4.24}$$

边界条件为

$$V(t_2) = V_2$$
$$\mu(t_2) = \mu_2$$
$$h(t_2) = h_2 \tag{4.25}$$
$$Q(t_2) = Q_2$$
$$Q(t_3) = Q_3$$

其中，$Q_3 = Q_2$，t_3 由下式确定：

$$P_{\mathrm{sol}}(t_3) = 0 \tag{4.26}$$

4. 重力滑翔飞行

如第 3 章所述，太阳能飞行器重力滑翔飞行，即在无推力情况下，要求飞行器在给定的下降高度中，滑翔飞行的时间最长。因此在本阶段，航迹的性能指标可表示如下：

$$\max\ J = t_4 - t_3 \tag{4.27}$$

在本阶段中，推力 $T_h = 0$，动力学方程退化为

$$\begin{cases} m\dot{V} = -D - mg\sin\mu \\ mV\dot{\mu} = L - mg\cos\mu \\ \dot{h} = V\sin\mu \\ \dot{x} = V\cos\mu \\ \dot{Q} = q \end{cases} \tag{4.28}$$

该飞行段的边界条件可表示如下：

$$
\begin{aligned}
V(t_3) &= V_3 \\
\mu(t_3) &= \mu_3 \\
h(t_3) &= h_3 \\
x(t_3) &= x_3 \\
Q(t_3) &= Q_3 \\
V(t_4) &= V_4 \\
\mu(t_4) &= \mu_4 \\
h(t_4) &= h_4 \\
Q(t_4) &= Q_4
\end{aligned}
\tag{4.29}
$$

其中，V_3，μ_3，h_3，x_3，Q_3 由第三段的终端边界条件确定。$h_4 = 16\text{km}$ 是设定的最低飞行高度，整个飞行过程中储能电池既不充电也不放电，所以 $Q_4 = Q_3$。

5. 低高度巡航飞行段

本段的任务为保持飞行器在设定的最低高度巡航飞行，与第二段飞行航迹类似，所关心的是如何使巡航飞行时的功率最小。所不同的是，第二段航迹飞行过程中向储能电池充电，而本段飞行过程中所消耗的功率全部由储能电池提供。因此，本阶段的性能指标可表示如下：

$$
\min \ J_5 = \int_{t_4}^{t_5} P_{\text{level}} \mathrm{d}t = \int_{t_4}^{t_5} T_h V \mathrm{d}t
\tag{4.30}
$$

本段的边界条件可表示如下：

$$
\begin{aligned}
V(t_4) &= V(t_5) = V_5 \\
\mu(t_4) &= \mu(t_5) = \mu_5 \\
h(t_4) &= h(t_5) = h_5 \\
Q(t_4) &= Q_4 \\
Q(t_5) &= Q_5
\end{aligned}
\tag{4.31}
$$

其中，

$$
\begin{aligned}
V_5 &= V(\alpha^*) \\
\mu_5 &= 0 \\
h_5 &= 16\text{km} \\
Q_4 &= m_b E_b \\
Q_5 &= 0
\end{aligned}
\tag{4.32}
$$

6. 多级优化问题的 GPM 求解

从以上描述中可以看出，该优化问题属于 Bolze 形式的多级最优控制问题，然而，针对该问题直接采用 Pontryagin 极小值原理找到解析解并不是一件容易的事情。幸运的是，在过去的二十年中，关于最优控制问题的解决方法已经从理论方法转向数值计算，而且 GPM 可以很好地解决多级优化问题 [53,54]。因此，本节采用 GPM 来求解给定电池质量后飞行器的多级最优航迹问题。

令多级优化的级数 $N = 5$，如公式 (4.14)、(4.16)、(4.24)、(4.27) 和 (4.30) 所示，多级优化轨迹的总性能指标可表示如下：

$$
\begin{aligned}
\min\ J &= (t_1 - t_0) + \int_{t_1}^{t_2} P_{\text{level}}\mathrm{d}t - h(t_3) + (t_3 - t_4) + \int_{t_4}^{t_5} P_{\text{level}}\mathrm{d}t \\
&= (-t_0 + t_1 + t_3 - t_4) + \int_{t_1}^{t_2} P_{\text{level}}\mathrm{d}t + \int_{t_4}^{t_5} P_{\text{level}}\mathrm{d}t - h(t_3)
\end{aligned}
\tag{4.33}
$$

采用 GPM，首先令 $n \in \left[\ 1, 2, \cdots, N\ \right]$ 为最优控制问题的某一段航迹，$()^{(n)}$ 代表第 n 段航迹的信息。对于该问题的每一段航迹都需要利用如下形式的仿射变换对时间域进行归一化：

$$
t^{(n)} = \frac{t_f^{(n)} + t_0^{(n)}}{2} + \frac{t_f^{(n)} - t_0^{(n)}}{2} \tau^{(n)}
\tag{4.34}
$$

其中，$\tau \in [-1, 1]$ 为归一化时间，假设每段航迹上的分配点为 Legendre-Gauss (LG) 点集：$(\tau_{1(N)}, \tau_{2(N)}, \cdots, \tau_{M(N)})$。该点集为 M 阶 Legendre 多项式的特征根 P_M，其形式如下：

$$
P_M = \frac{1}{2^M M!} \frac{\mathrm{d}^M}{\mathrm{d}\tau^M} \left\{ \left[\tau^2 - 1\right]^M \right\}
\tag{4.35}
$$

对应于每个 LG 点的权重系数计算如下：

$$
w_i = \frac{2}{(1 - \tau_i^2) \left[P_N'\right]^2}
\tag{4.36}
$$

太阳能飞行器的动力学系统方程可以写成如下的精简形式：

$$
\frac{\mathrm{d}}{\mathrm{d}\tau} x^{(n)} = \frac{t_f^{(n)} - t_0^{(n)}}{2} f^{(n)} \left(x^{(n)}, u^{(n)}, \tau\right)
\tag{4.37}
$$

而上式中的状态变量 $x^{(n)}$ 可以用如下形式的 $M+1$ 阶 Lagrange 插值多项式来表示

$$
x^{(n)}(\tau) \approx X^{(n)}(\tau) = \sum_{i=0}^{M} X^{(n)}(\tau_i) L_i^{(n)}(\tau)
\tag{4.38}
$$

其中，$L_i^{(n)}(\tau)$ 定义如下：

$$L_i^{(n)}(\tau) = \prod_{j=0,j\neq i}^{N} \frac{\tau - \tau_j^{(n)}}{\tau_i^{(n)} - \tau_j^{(n)}} \tag{4.39}$$

而控制变量 α 也可以用类似的 Lagrange 插值多项式 $L_i^{*(n)}(\tau)$ 来表示

$$\alpha^{(n)}(\tau) \approx A^{(n)}(\tau) = \sum_{i=1}^{N} A^{(n)}(\tau_i) L_i^{*(n)}(\tau) \tag{4.40}$$

其中，

$$L_i^{*(n)}(\tau) = \prod_{j=1,j\neq i}^{N} \frac{\tau - \tau_j^{(n)}}{\tau_i^{(n)} - \tau_j^{(n)}} \tag{4.41}$$

因此，状态变量 $x^{(n)}$ 的导数可用如下微分方程近似：

$$\dot{x}^{(n)}(\tau) \approx \dot{X}^{(n)}(\tau) = \sum_{i=0}^{N} x^{(n)}(\tau_i)\dot{L}_i^{(n)}(\tau) = \sum_{i=0}^{N} D_{ki}^{(n)} x^{(n)}(\tau_i) \tag{4.42}$$

其中，$D_{ki}^{(n)}$ 为 $N \times (N+1)$ 阶微分矩阵的第 (k,i) 个元素。

按照方程 (4.42) 的表示方法，通过微分矩阵，飞行器的动力学方程可以写成如下形式的代数方程：

$$\begin{cases} \displaystyle\sum_{i=1}^{N+1} D_{ki}^{(n)} V^{(n)}(\tau_i) = \frac{t_f^{(n)} - t_0^{(n)}}{2m}\left[T_h^{(n)}(\tau_k)\cos\alpha^{(n)}(\tau_k) - D^{(n)}(\tau_k) - mg\sin\mu^{(n)}(\tau_k)\right] \\ \displaystyle\sum_{i=1}^{N+1} D_{ki}^{(n)} \mu^{(n)}(\tau_i) = \frac{t_f^{(n)} - t_0^{(n)}}{2mV^{(n)}(\tau_k)}\left[T_h^{(n)}(\tau_k)\sin\alpha^{(n)}(\tau_k) + L^{(n)}(\tau_k) - mg\cos\mu^{(n)}(\tau_k)\right] \\ \displaystyle\sum_{i=1}^{N+1} D_{ki}^{(n)} h^{(n)}(\tau_i) = \frac{t_f^{(n)} - t_0^{(n)}}{2} V^{(n)}(\tau_k)\sin\mu^{(n)}(\tau_k) \\ \displaystyle\sum_{i=1}^{N+1} D_{ki}^{(n)} x^{(n)}(\tau_i) = \frac{t_f^{(n)} - t_0^{(n)}}{2} V^{(n)}(\tau_k)\cos\mu^{(n)}(\tau_k) \end{cases} \tag{4.43}$$

其中，τ_k，$k = 1, 2, \cdots, M$ 为 LG 点。

同理，方程 (4.33) 所表示的连续型性能指标函数也可以用状态变量值、LG

点和该点处的 LG 权重来表示：

$$\min\ J = (-t_0 + t_1 + t_3 - t_4) + \frac{t_2 - t_1}{2} \sum_{k=1}^{N^{(2)}} w_k^{(2)} \left[T(\tau_k) V(\tau_k) \right]$$

$$- \frac{t_3 - t_2}{2} \sum_{k=1}^{N^{(3)}} w_k^{(3)} h(\tau_k) + \frac{t_5 - t_4}{2} \sum_{k=1}^{N^{(5)}} w_k^{(5)} \left[T(\tau_k) V(\tau_k) \right] \tag{4.44}$$

对于各段航迹，由于本节所研究的航迹为周期性航迹，因此，第五段航迹的终止条件与第一段航迹的初始条件相同。文献 [57] 介绍了采用伪谱方法将分段航迹连接成一体的技巧。对于本节所研究的问题，将五段航迹连接起来的示意图如图 4-11 所示。

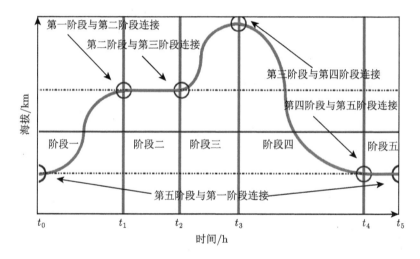

图 4-11　五段航迹连接示意图

经过上述处理，初始的多段优化问题就转化成了由性能指标函数 (4.44)、动力学方程 (4.43) 所定义的 NLP 问题。

4.3.3　储能电池质量的 PSO 优化算法

PSO 算法模拟动物 (诸如鱼群、昆虫、鸟群等) 的社会行为进行函数的最优值搜索。无论函数的性质和约束形式如何，该算法都可以被用于搜寻函数的全局最优值 [45,214,215]。

1. PSO 算法简介

PSO 算法的基本思想是模拟动物群个体之间的行为影响和学习模式，同时保持种群进化方向的一致性。在寻找函数最小值的优化问题中，群体之间通过相互之间的信息传递以及与最小目标值之间的相对关系来调整他们之间的位置 x_i 和速度 v_i。这种信息传递通过如下的方程迭代关系来完成 [45]：

$$v_{i,j}^{k+1} = \chi \left[\omega v_{i,j}^k + c_1 r_1 \left(\text{xlbest}_{i,j}^k - x_{i,j}^k \right) + c_2 r_2 \left(\text{xgbest}_j^k - x_{i,j}^k \right) \right] \tag{4.45}$$

$$x_{i,j}^{k+1} = x_{i,j}^k + v_{i,j}^{k+1} \tag{4.46}$$

其中，ω 为速度的惯性权重，$x_{i,j}^k$ 和 $v_{i,j}^{k+1}$ 分别对应于粒子 i 变量 j 的第 k 步的位置值和第 $k+1$ 步的更新速度值。$\text{xlbest}_{i,j}^k$ 和 xgbest_j^k 分别为粒子 i 在本次搜索结果和所有搜索结果中寻找到的变量 j 的最优值。c_1 为认知参数，c_2 为社会参数，两个参数用于确定在考虑本次搜索结果最优值和全局搜索结果最优值的情况下，粒子下一步的进化方向。

很多文献也指出 [44,46,214-217]，惯性权重 ω 的选取对于 PSO 算法的收敛性至关重要。该参数用于控制上一次速度值对本次粒子速度的影响。设置该参数的一个基本规则是先将该值设置的较大，使得粒子群能够快速地在整个空间中搜索，然后逐渐地减小该值，以获得更为精细的结果。本节采用如下形式的惯性权重更新规则进行运算：

$$\mu = \sum_{j=1} J_j^k$$
$$\sigma = \frac{1}{N-1} \sum_{j=1} \left(J_j^k - \mu \right) \tag{4.47}$$
$$\omega = 0.5 \left[1 + \min \left(\frac{\sigma}{\mu}, 0.6 \right) \right]$$

而设置参数 χ 的目的是避免 PSO 算法计算结果的发散。该参数的设置对于保证算法在迭代过程中的稳定性非常关键。其可以表示成如下形式：

$$\chi = \frac{1.6}{\left| 2 - (c_1 + c_2) - \sqrt{(c_1 + c_2)^2 - 4(c_1 + c_2)} \right|} \tag{4.48}$$

对于 PSO 算法，还需要一个收敛准则来判断计算结果是否收敛。一个简单的方法是，在每次计算结束后判断本次的全局最优值与上次的全局最优值之间的差值，如果相互之间的差值在设定的迭代次数内没有显著的差别，就认为搜索的结果收敛。即收敛准则设定如下：

$$f\left(\text{xgbest}_{i+1} \right) - f\left(\text{xgbest}_i \right) < \text{tol} \tag{4.49}$$

其中，tol 为一个预设的量级很小的参数，它代表了计算结果的收敛精度。

2. PSO 算法性能指标的计算

在本节所研究的问题中，所寻求的目标是使太阳能飞行器跨昼夜飞行时所携带的储能电池质量最小。因此 PSO 算法的性能指标可表示如下：

$$\min\ J_m = m_{\text{batt}} \tag{4.50}$$

而时间的约束关系可表示为

$$\sum_{i=1}^{5} t_i = T_{\text{cycle}} \tag{4.51}$$

该带约束的优化问题可以通过罚函数法转化为不带约束的优化问题，假设太阳能的结构质量是常数，其不因飞行器所携带的储能电池质量的变化而变化，则修正后的 PSO 算法性能指标可以表示为如下形式：

$$\min\ J_p = m + P\left(\sum_{i=1}^{5} t_i - T_{\text{cycle}}\right)^2 \tag{4.52}$$

其中 P 为常数，用于定义不满足时间约束时对性能指标的惩罚程度。m 为太阳能飞行器的总质量。

4.3.4　求解过程与数值优化结果

1. 求解过程

通过以上分解，最初的太阳能飞行器设计参数与飞行航迹相互耦合的问题就被分解为了一个二级优化问题：首先利用 GPM 对给定储能电池质量的太阳能飞行器求解最优的飞行航迹，然后采用 PSO 算法寻找飞行器在满足高空长航时约束条件下的最小储能电池质量。太阳能飞行器的初始参数列于表 4-1，该表中的参数主要参考 Zephyr 7。

表 4-1　太阳能飞行器的初始参数

参数名称	值	单位	含义
m_{struct}	37	kg	结构质量
m_{batt}	16	kg	储能电池质量
E_b	300	W·h/kg	储能电池能量密度
L_{span}	22.5	m	翼展
AR	25	—	展弦比
S_w	20.25	m^2	翼面积
S_c	16.2	m^2	太阳能电池面积

续表

参数名称	值	单位	含义
η_{SA}	0.15	—	太阳能电池效率
η_m	0.85	—	电机效率
η_p	0.75	—	螺旋桨效率
η_b	0.8	—	储能电池效率
η_e	0.9	—	MPPT 效率

实施 PSO 算法和 GPM 进行联合优化的方法如图 4-12 所示。在 PSO 算法中，优化变量为储能电池质量，而在 GPM 中优化变量是所有的航迹状态变量以及每个航迹段的飞行航时。

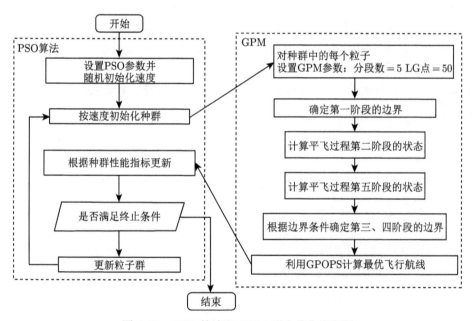

图 4-12　PSO 算法和 GPM 联合优化流程图

应用本书所提出的 PSO/GPM 联合优化算法对飞行器储能电池和飞行航迹耦合问题求解的具体步骤如下。

步骤 1：设置 PSO 参数并初始化。

PSO 算法中的参数设置如下：r_1，r_2 为区间 [0,1] 上服从均匀分布的随机数。$c_1 = c_2 = 1.5$，ω 按照方程 (4.47) 进行设置，χ 按照方程 (4.48) 进行设置，粒子群的数量设置为 30，最大迭代搜索次数设置为 200。初始位置和速度向量由随机数生成。

步骤 2：计算每个粒子的性能指标。

对于每个粒子 (即给定储能电池质量的太阳能飞行器设计参数)，采用 4.3.3 节中所述的 GPM 计算性能指标，即方程 (4.52) 中的 J_p。GPM 中的 LG 点的数量设置为 50。

步骤 3：判断是否满足终止条件。

如果公式 (4.49) 的终止条件满足，便终止算法，将最优的搜索结果返回。如果终止条件不满足，则继续下一步骤。

步骤 4：更新粒子群。

粒子群按照公式 (4.45) 和 (4.46) 进行速度更新，返回步骤 2。

2. 数值优化结果

在整个优化过程结束后，本节所研究的太阳能飞行器储能电池和航迹耦合优化问题的计算结果如图 4-13 所示。从图中可以看出，经过优化后太阳能飞行器的总质量为 50.36kg，也就是说，储能电池的最小质量为 13.36kg，与初始的 16kg 相比，储能电池的质量减小了约 16.5%，等价于储能电池的能量密度提升了 19.7%。这对于提升太阳能飞行器的高空长航时性能而言意义重大。

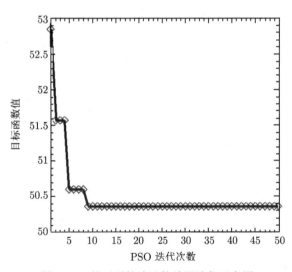

图 4-13　粒子群算法计算结果迭代示意图

在最小储能电池条件下，太阳能飞行器最优航迹高度随时间变化的示意图如图 4-14 所示。从图中可以看出各段航迹的航时分别为 2.07h、5.00h、5.63h、2.77h 和 8.53h，总时间满足跨昼夜飞行的约束条件。

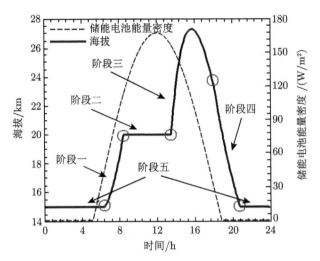

图 4-14 太阳能飞行器最优航迹高度随时间变化的示意图

优化后的太阳能飞行器的速度、航迹角、储能电池电量和攻角随时间的变化曲线如图 4-15 ~ 图 4-18 所示。从图中可以看出在连接点和飞行过程中速度、航迹角和攻角都有随时间振荡的现象。文献 [218] 专门对这种数值结果的振荡性进行了研究，研究结果表明 GPM 的计算结果是稳定的。文献 [160] 的计算结果也表明最优的重力滑翔航迹，GPM 的计算的确存在随时间振荡的特性。

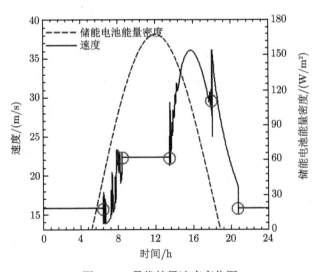

图 4-15 最优结果速度变化图

从图 4-14 中可以看出，飞行器所能达到的最高飞行高度约为 27km，重力滑翔段的时间为 2.77h。图 4-17 表明在这段飞行过程中，飞行器并没有消耗储能电池所存储的电量。也就是说，支撑飞行器在这段航迹上飞行的能量是由重力势能所提供的。这属于由太阳能飞行器因特殊的航迹设计而额外存储的能量，也是太阳能飞行器基于重力势能储能航路设计的优势所在。如果不采用这种设计思路，而采用平飞巡航的飞行策略，飞行器在储能电池电量充满后将无法继续存储多余的太阳能功率。

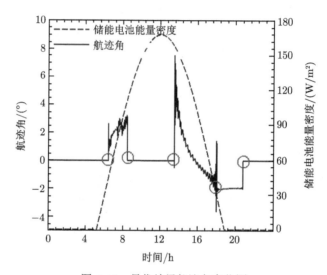

图 4-16　最优结果航迹角变化图

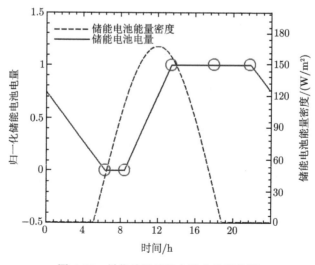

图 4-17　最优结果储能电池电量变化图

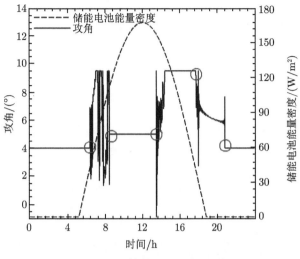

图 4-18 最优结果攻角变化图

这也就解释了为什么通过航迹优化的方法可以减少太阳能飞行器高空长航时飞行时所需的储能电池：通过适当的航迹优化，可以将太阳能功率部分存储在重力势能当中 (从图 4-15 中可以看出，也有部分动能的变化，但是总量不大，相比于重力势能所存储的能量可以忽略不计)，从而减少所需的储能电池重量，也就相当于提高了储能电池的能量密度。

4.4　基于重力势能储能的能源管理策略

为实现太阳能飞行器的高空长航时飞行，除了等待太阳能电池、储能电池和轻质结构技术取得突破性进展之外，也亟待研究其他提升飞行器长航时能力的方法。很多学者都注意到能源管理策略对提升动力系统性能的重要性，比如在风力发电场 [219]、混合电动汽车 [132,220-224]、商业建筑 [225]、轻轨电车 [226-228]、空调 [229] 等系统中。同时，由于太阳辐射一日随时间的周期性变化，能源管理策略对于获取、存储和管理太阳能飞行器系统的能量十分关键 [230]。因此设计合适的能源管理策略，被认为是解决目前太阳能飞行器储能电池重量和能源需求之间矛盾的有效方法 [43]。

4.4.1　基于平飞巡航的能源管理策略

能源管理的主要目的是实现高空长航时飞行。对于在给定高度进行平飞巡航的太阳能飞行器而言，其能源管理策略可以表述为太阳能飞行器在保持升重平衡的基础上，以最小功率飞行，如图 4-19 所示。

图 4-19　基于平飞巡航的能源管理策略示意图

如果储能电池管理器的输出功率 P_{BM} 大于推进系统的需求功率 $\eta_{PC}P_{prop}$，则将富余的能量存储到储能电池中；如果 P_{BM} 小于 $\eta_{PC}P_{prop}$，需求功率中不足的部分将由储能电池来补充。其中 P_{BM} 的计算公式如下：

$$P_{BM} = P_S S_C \eta_{SC} \eta_{MPPT} \eta_{BM} \tag{4.53}$$

对于平飞巡航飞行状态而言

$$\begin{aligned} \gamma &= 0 \\ D &= T\cos\alpha \\ L &= mg - T\sin\alpha \end{aligned} \tag{4.54}$$

由此得功率消耗如下：

$$P_{level} = TV = \frac{DV}{\cos\alpha} = \frac{C_D}{C_L^{3/2}}\left(\frac{mg - T\sin\alpha}{\cos\alpha}\right)\sqrt{\frac{2(mg - T\sin\alpha)}{\rho S_w}} \tag{4.55}$$

因此飞行器平飞巡航时的能源管理策略可以表示如下：

$$\dot{E}_{batt} = \begin{cases} q_{max}, & P_{BM} - \eta_{PC}P_{prop} > q_{max} \\ P_{BM} - \eta_{PC}P_{prop}, & -P_{level} < P_{BM} - \eta_{PC}P_{prop} < q_{max} \\ -\eta_A\eta_{PC}P_{level}, & P_{BM} - \eta_{PC}P_{prop} < -P_{level} \\ 0, & Q_B > m_b E_b \text{ 或 } Q_B < m_b E_b(1 - \eta_B) \end{cases} \tag{4.56}$$

按照方程 (4.55)，飞行航迹的攻角控制指令可以表示为

$$\begin{aligned} \alpha_{level}^* &= \min_{\alpha_{min} \leqslant \alpha \leqslant \alpha_{max}} (P_{level}) \\ &= \min_{\alpha_{min} \leqslant \alpha \leqslant \alpha_{max}} \left(\frac{C_D}{C_L^{3/2}}\left(\frac{mg - T\sin\alpha}{\cos\alpha}\right)\sqrt{\frac{2(mg - T\sin\alpha)}{\rho S_w}}\right) \end{aligned} \tag{4.57}$$

可以看出，对于如方程 (4.56) 所示的基于平飞巡航的能源管理策略，更多关注于工程实现的简单性。但是在该种管理策略下，飞行器只能将电能存储在储能电池中。要实现长航时飞行，就必须携带更多的储能电池，但储能电池的重量又会使得飞行平飞巡航过程中克服阻力所消耗的功率增大。所以单纯地依赖储能电池储能并不是一种有效的利用太阳能的手段。

4.4.2 基于重力势能储能的能源管理策略

1. 航迹特征

从 4.3 节的讨论可知，基于重力势能储能的太阳能飞行器典型航迹可以分为三个阶段，如图 4-20 所示。

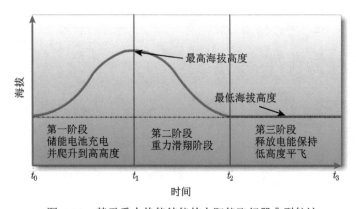

图 4-20 基于重力势能储能的太阳能飞行器典型航迹

阶段一：储能电池充电并爬升到高高度。该阶段开始于仅依靠太阳能功率便可以保持飞行器平飞时刻，随着太阳能功率的增加，富余的功率用于向储能电池充电。当充电速率达到 q_{max} 后，飞行器增大推力进行爬升。当太阳能功率无法维持飞行器当前高度的平飞时，该阶段结束。通过这种方式，飞行器将太阳能存储到了储能电池和重力势能中。

阶段二：重力滑翔阶段。该阶段开始于太阳能功率无法维持飞行器当前高度的平飞时刻。在该阶段的初始时刻，飞行器还可以利用太阳能功率进行飞行，但是高度已经开始持续下降。随着太阳能功率持续降低，直至为零，飞行器开始完全依靠重力滑翔保持飞行。当飞行器到达设定的最低飞行高度时，该阶段结束。在该阶段，飞行器通过释放重力势能维持飞行器飞行，整个飞行阶段，储能电池中的电能始终没有释放。

阶段三：释放电能保持低高度平飞。该阶段开始于飞行器到达设定的最低高度。在该阶段，飞行器维持高度，保持平飞。平飞所需的能量由储能电池提供。当储能电池中的能量耗尽或是当太阳能功率又变得能够维持飞行器平飞时该阶段结束。

　　飞行过程中，飞行器的最低飞行高度取决于在夜间可供安全飞行的空域。对于大展弦比的太阳能飞行器，由于机翼的柔性对风速的敏感性，使得飞行器很难在大于 40m/s 的风速中安全飞行 [8]。而在长沙地区 (28.2°N,112.6°E)，在低于 26km 的空域，风速变化如图 4-21 所示 (风速数据来源于长沙气象站)。由于在 16km 以下的空域，最大风速有可能超过 40m/s，将对飞行器的飞行安全造成威胁，因此，本节飞行器的最低允许飞行高度设定为 16km。

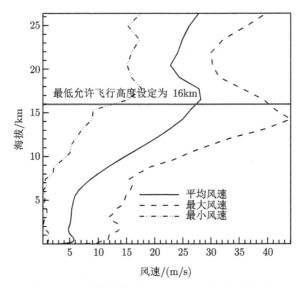

图 4-21　长沙地区 26km 以下空域风速变化图

2. 能源管理策略

　　很多学者都认识到能源管理策略在提高能源使用效率中的作用，比如风力发电厂 [219]、混合动力汽车 [132,220-224]、商业建筑 [225]、轻型电动车 [226-228]、空调 [229] 等。通过利用重力势能储能的方法，使得提高太阳能利用率成为可能，然而采用该方式，在不同阶段，所需采用的能源管理策略也不相同。所以需要设计一种与重力势能储能方法相适应的能源管理策略。按照 4.4.2 节 1. 航迹特征中对飞行器不同飞行阶段的划分，每个阶段的能源管理策略可以设计如下。

　　阶段一：在该阶段，除了用于平飞的太阳能功率，富余的太阳能功率全部用于向储能电池充电。当达到最大充电速率时，还富余的太阳能功率用于产生推力，并进行爬升。因此，在该阶段，功率平衡可以表示如下：

$$P_{\mathrm{BM}} = \begin{cases} \dot{E}_{\mathrm{batt}} + P_{\mathrm{prop}}\eta_{\mathrm{PC}}, & E_{\mathrm{batt}} < m_b E_b \\ P_{\mathrm{prop}}\eta_{\mathrm{PC}}, & E_{\mathrm{batt}} \geqslant m_b E_b \end{cases} \tag{4.58}$$

由此，该阶段能源管理策略可以表示如下：

$$\dot{E}_{\text{batt}} = \begin{cases} q_{\max}, & P_{\text{BM}} - \eta_{\text{PC}} P_{\text{prop}} \geqslant q_{\max} \\ P_{\text{BM}} - \eta_{\text{PC}} P_{\text{prop}}, & 0 < P_{\text{BM}} - \eta_{\text{PC}} P_{\text{prop}} < q_{\max} \\ 0, & E_{\text{batt}} \geqslant m_b E_b \end{cases} \quad (4.59)$$

将方程 (4.59) 代入方程 (3.27) 可得飞行器在上升阶段推力 T 的参考值。

阶段二：在该阶段，太阳能功率已不能满足飞行器的平飞消耗。尽管在初始阶段，依然由太阳能功率推进，但飞行器的高度会持续下降，飞行器主要依靠重力滑翔保持飞行。因此，该阶段的功率平衡可以表示如下：

$$P_{\text{BM}} = \eta_{\text{PC}} P_{\text{prop}} \quad (4.60)$$

$$P_{\text{csm}} = DV > \eta_A P_{\text{prop}} \quad (4.61)$$

其中 P_{csm} 表示飞行器飞行过程中所消耗的功率，它是阻力 D 和飞行速度 V 的乘积。由于太阳能功率已不能维持飞行器平飞，重力势能也必须向外输出功率维持飞行器飞行，所以飞行器所消耗的功率要大于推进系统所获得的太阳能功率。但是在该阶段，储能电池始终不向外输出功率，因此，在该阶段

$$\dot{E}_{\text{batt}} = 0 \quad (4.62)$$

在该阶段，最低滑翔高度设置为 $h_{\text{threshold}} = 16\text{km}$。

阶段三：在该阶段，在太阳能功率已完全消失时，飞行器完全依靠储能电池保持高度，维持平飞。当出现太阳能功率时，飞行器可以依靠储能电池和太阳能功率进行联合供电以维持平飞。因此，在该阶段，飞行器平飞时所需功率可用方程 (4.55) 计算得到，该阶段的能源管理策略可以表示如下：

$$\dot{E}_{\text{batt}} = \begin{cases} P_m - \eta_A \eta_{\text{PC}} P_{\text{level}}, & E_{\text{batt}} > m_b E_b (1 - \eta_B) \\ 0, & E_{\text{batt}} \leqslant m_b E_b (1 - \eta_B) \end{cases} \quad (4.63)$$

由此，方程 (4.59)、(4.62)、(4.63) 便组成了基于重力势能储能的能源管理策略。

4.4.3 仿真应用与比较

1. 仿真应用

太阳能飞行器能源管理策略的仿真应用框图如图 4-22 所示，其中飞行器动力学模型按照方程 (3.1)～(3.6) 编写，太阳能功率按照方程 (3.12)～(3.18) 计算。

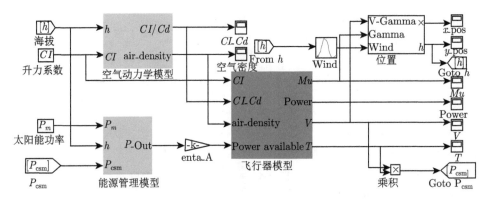

图 4-22　太阳能飞行器能源管理策略的仿真应用框图

如 4.4.2 节 1. 航迹特征所述，飞行器的最低飞行高度设置为 $h_{\text{threshold}} = 16\text{km}$。因此，在第一阶段飞行器的飞行高度大于 $h_{\text{threshold}}$，并且输入储能电池管理器的功率 P_{BM} 大于输入推进系统的功率 $P_{\text{csm}}/\eta_A/\eta_{\text{PC}}$。在第二阶段，飞行高度依然大于 $h_{\text{threshold}}$，但是输入储能电池管理的功率 P_{BM} 已不能支持飞行器在当前高度的平飞，因此在该阶段，P_{BM} 小于 $P_{\text{csm}}/\eta_A/\eta_{\text{PC}}$。在第三阶段，飞行器达到设定的最低高度 $h_{\text{threshold}}$，并且 P_{BM} 依然小于 $P_{\text{csm}}/\eta_A/\eta_{\text{PC}}$。也就是说通过三个变量 h，P_{BM} 和 P_{csm} 可以确定飞行器处于哪一个飞行阶段，进而确定飞行器该采用哪一种能源管理策略以实现重力势能储能。通过 h，P_{BM} 和 P_{csm} 确定飞行阶段的逻辑关系见表 4-2。

在各阶段基于重力势能储能的能源管理策略，即方程 (4.59)、(4.62)、(4.63)可以总结为表 4-4 的形式。由此，图 4-22 能源管理模型中的能源管理策略可以按照表 4-2 和表 4-3 来建立，具体框图如图 4-23 所示。

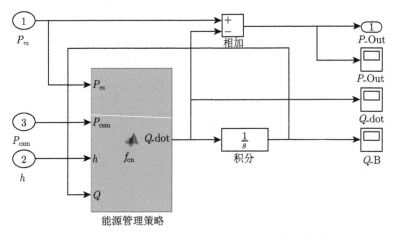

图 4-23　基于重力势能储能能源管理策略实现框图

表 4-2 确定飞行阶段的逻辑关系

变量	阶段 1	阶段 2	阶段 3	阶段
h	$h > 16\text{km}$	$h > 16\text{km}$	$h = 16\text{km}$	$\cdots$
$\eta_A \eta_{\text{PC}} P_{\text{BM}}/P_{\text{csm}}$	$\eta_A \eta_{\text{PC}} P_{\text{BM}}/P_{\text{csm}} > 1$	$\eta_A \eta_{\text{PC}} P_{\text{BM}}/P_{\text{csm}} \leqslant 1$	$\eta_A \eta_{\text{PC}} P_{\text{BM}}/P_{\text{csm}} \leqslant 1$	$\cdots$

表 4-3 各阶段能源管理策略

阶段	状态量	充电电池功率 $\dot{E}_{\text{batt}}$
阶段 1	$\eta_A \eta_{\text{PC}} P_{\text{BM}} - P_{\text{csm}} \geqslant q_{\max}$ 和 $Q_B < m_b E_b$	$q_{\max}$
	$0 \leqslant \eta_A \eta_{\text{PC}} P_{\text{BM}} - P_{\text{csm}} < q_{\max}$ 和 $Q_B < m_b E_b$	$P_{\text{BM}} - \eta_{\text{PC}} P_{\text{prop}}$
	$Q_B \geqslant m_b \bar{m}_b$	0
阶段 2	—	0
阶段 3	$Q_B \geqslant m_b E_b (1 - \eta_B)$	$P_{\text{BM}} - \eta_A \eta_{\text{PC}} P_{\text{level}}$
	$Q_B < m_b E_b (1 - \eta_B)$	0
阶段	$\cdots$	$\cdots$

2. 两种能源管理策略的比较

本节采用数值仿真的方式对基于平飞巡航的能源管理策略和基于重力势能储能的能源管理策略进行比较。高空长航时太阳能飞行器的参数如表 4-4 所示。各功率器件的效率如表 4-5 所示。仿真过程中，飞行器的飞行地点设置为长沙地区 (28.2°N,112.6°E)，初始高度为 20km。飞行开始时刻设置为 7 月 15 日的早晨 9:00。能源管理器的目的是使飞行器尽可能地保持长时间高高空飞行。

表 4-4 高空长航时太阳能飞行器的参数

参数	数值	单位	描述
m_{struct}	37	kg	结构质量
m_b	16	kg	储能电池质量
L_{span}	22.5	m	翼展
AR	25	—	展弦比
S_w	20.25	m^2	翼面积
S_C	16.2	m^2	太阳能电池铺装面积

表 4-5 高空长航时太阳能飞行器各功率器件的效率

符号	数值
太阳能电池转化效率 η_{SC}	0.2
MPPT 效率 η_{MPPT}	0.95
储能电池管理器效率 η_{BM}	0.99
储能电池放电深度 η_B	0.95
功率转化器效率 η_{PC}	0.98
电机/螺旋桨推进效率 η_A	0.7

在基于平飞巡航的能源管理策略中，飞行器始终在 20km 高度保持平飞。而在基于重力势能储能的能源管理策略中，当太阳能功率有富余时，飞行器将向上爬升。两种能源管理策略下，飞行器的状态变量高度 h，航迹角 γ，速度 V，消耗功率 P_{csm}，储能电池充电速率 $\dot{E}_{batt}$ 以及储能电池电量 E_{batt} 的比较如图 4-24～图 4-29 所示。其中实线表示太阳能功率，起始时刻代表上午 9:00。带菱形的线表示基于平飞巡航的能源管理策略所对应的状态量，带上三角的线表示基于重力势能储能的能源管理策略所对应的状态量。

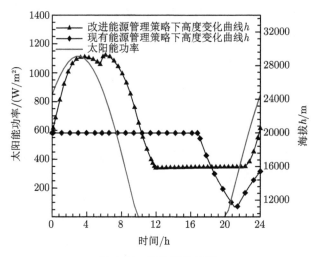

图 4-24　高度变化曲线

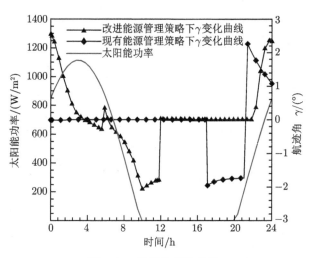

图 4-25　航迹角变化曲线

图 4-26 和图 4-27 显示，在基于平飞巡航的能源管理策略中，飞行器夜间高度下降剧烈，由 20km 迅速下降到 12km 以下，这不能满足航迹规划任务中所希望的 $h_{\mathrm{threshold}} > 16$km，因此，在所设定的参数条件下，基于平飞巡航的能源管理策略并不能满足跨昼夜长航时飞行的要求。而通过采用基于重力势能储能的能源管理策略，飞行器可以始终满足飞行高度大于 16km 的要求。

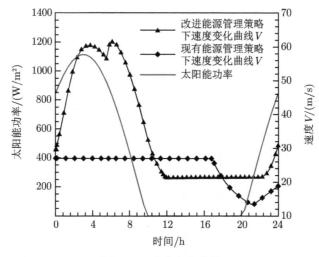

图 4-26 速度变化曲线

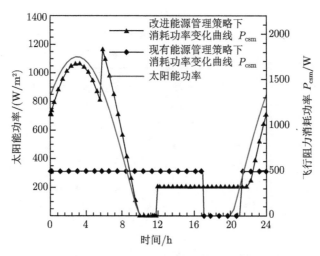

图 4-27 飞行阻力消耗功率变化曲线

在基于平飞巡航的能源管理策略中，飞行器无论在白天还是在夜间，当能源充足时，都是保持在 20km 高度的平飞巡航；而在基于重力势能储能的能源管理策略中，飞行器只有在夜间，当重力滑翔到 16km 高度时，才采用平飞巡航的方式。因为 16km 高度处大气密度是 20km 高度处大气密度的 1.87 倍，图 4-26 和图 4-27 中显示，后者的巡航速度较前者要低，而平飞巡航时所消耗的功率，后者也要比前者小。

在太阳能飞行器的基准设计方案中，储能电池的质量是 16kg。从图 4-28 和图 4-29 中可以看出，在采用基于平衡巡航的能源管理策略中，储能电池的电量在夜间全部释放完毕，即使如此，飞行高度也下降到了 12km 以下。但是在基于重力势能储能的能源管理策略中，储能电池的电量在夜间只释放了大约 76.5%，有

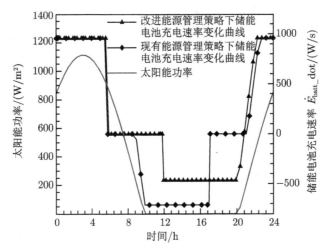

图 4-28   储能电池充电速率变化曲线

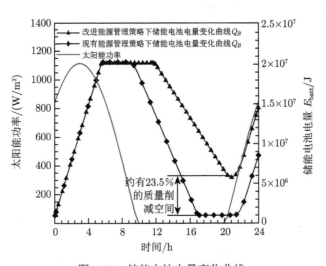

图 4-29   储能电池电量变化曲线

23.5%的电量剩余。也就是说，采用后一种能源管理策略，储能电池有 23.5% 的质量削减空间，这对于高空长航时太阳能飞行器的设计来说具有重要的指导意义。

4.4.4 关键技术敏感性分析

从能量的角度对基于重力势能储能的能源管理策略进行考察，不难发现，之所以该方法比基于平飞巡航的能源管理策略有优势，有两个原因：第一，前者在白天太阳能功率有富余时，除了将一部分太阳能功率存储在储能电池中以外，还将部分太阳能功率存储在重力势能中，而后者只是将富余的部分太阳能功率存储在储能电池中，其余太阳能功率无法得到有效利用，也就是说前者在白天存储的能量比后者多。第二，前者在夜间平飞巡航的高度是 16km，而后者在夜间平飞巡航的高度是 20km，也即，前者在夜间消耗的能量比后者少。这两个原因就使得飞行器采用前一种能源管理策略比后一种更有效率。基于重力势能储能的飞行方法是实现太阳能飞行器高空长航时飞行的极具潜力的技术路线。正因如此，讨论在该技术路线的框架下什么技术的发展对太阳能飞行器性能的提升最为关键是十分必要的。本节以当前制约太阳能飞行器性能的三个主要关键技术：太阳能电池技术、储能电池技术以及抗风能力与飞行稳定性技术为例进行讨论。分析制约基于重力势能储能的高空长航时飞行性能提升的关键技术。

1. 太阳能电池技术

太阳能电池的能量转换效率 (ECE) η_{SC} 是太阳能电池阵将太阳辐射的能量转换成电能的比率。如第 2 章所述，不同太阳能电池的 ECE 值变化范围很大，柔性薄膜太阳能电池的 ECE 值只有 6%，多节砷化镓太阳能电池的 ECE 实验室测试值达 40.7%，而多染料敏化桥接太阳能电池的 ECE 值可达 42.8%。如今，第三代太阳能电池技术的 ECE 值已经达到 44%[126]。

这里，假设在可预期的未来，太阳能飞行器上太阳能电池的 ECE 值有望达到 35%。当 η_{SC} 的值分别为 0.20，0.25，0.30 和 0.35，采用基于重力势能储能的能源管理策略时，太阳能电池的 ECE 值对飞行器高空长航时飞行航迹的影响如图 4-30 和图 4-31 所示。

图 4-30 显示的是太阳能电池不同 ECE 值对飞行器飞行高度的影响。从图中可以看出，太阳能电池 ECE 值越高，飞行器在白天所能飞到的高度越高。这是因为太阳能电池 ECE 值越高，白天所能转化的太阳能功率就越多，飞行器可用于爬升的能量就越多。但是，飞行器存储在高度中的势能必须通过重力滑翔的方式进行释放，正如第 3 章所述，飞行高度越高，空气越稀薄，大气密度越低，单位高度所存储的重力势能所能支撑的滑翔时间也就越短，所以虽然提高太阳能电池效率，能够增加飞行器存储的重力势能，但是对整体滑翔时间的提升作用并不明显。

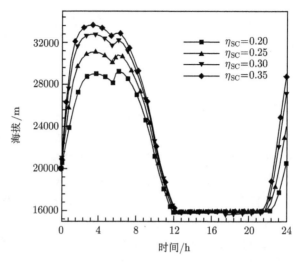

图 4-30　太阳能电池不同 ECE 值条件下的飞行航迹

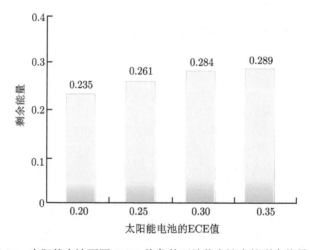

图 4-31　太阳能电池不同 ECE 值条件下储能电池中的剩余能量占比

这一点在图 4-31 中显示的更为清晰，当太阳能电池 ECE 的值为 0.2 时，储能电池在夜间的剩余能量为 0.235，当 ECE 的值大幅提升到 0.35 时，储能电池在夜间的剩余能量只增大到了 0.289，增加量大约为 5%，并没有显著的提升。该结果显示，太阳能电池的 ECE 值对飞行器高空长航时飞行的性能影响并不明显。

2. 储能电池技术

太阳能功率随着时间在不断地周期性变化，为了应用的需要，大多数的独立光伏系统都需要储能电池对太阳能功率进行存储和调节，以满足光伏系统在时间和数量上对功率的需求[231]。太阳能飞行器作为一种典型的独立光伏系统，毫无疑问，储能电池技术对其高空长航时飞行具有至关重要的作用。

能量密度是衡量储能电池技术的最重要的指标。能量密度的定义为单位质量储能电池所存储的能量。目前，铅酸 (Lead-acid) 电池、镍-镉 (Ni-Cd) 电池、镍-锰 (Ni-Mn) 的能量密度都在 100W·h/kg 以下，不适合太阳能飞行器使用。相对而言锂离子电池、锂离子聚合物电池和锂-硫电池的能量密度和功率密度都比较高，是目前太阳能飞行器广泛采用的储能电池，其中锂离子和锂离子聚合物电池的能量密度在 200W·h/kg 左右，锂-硫电池的能量密度可以达到 350W·h/kg。燃料电池是近十来来快速发展的储能电池技术，其能量密度可以达到 550W·h/kg 左右[24,174]。

为分析储能电池技术对太阳能飞行器高空长航时飞行性能的影响，按照在可预期的未来，储能电池可能达到的技术水平[198]，假设储能电池的能量密度分别为 $E_b = [350\ 450\ 550\ 650]$ W·h/kg，则储能电池能量密度对飞行性能的影响如图 4-32 和图 4-33 所示。图 4-32 是储能电池能量密度从 350W·h/kg 增长到 650W·h/kg 时，飞行器飞行航迹的变化情况。从图中可以看出，由于向储能电池充电的最大功率是一定的，所以随着储能电池能量密度的增大，充满电池的时刻在不断后移，当储能电池能量密度达到 550W·h/kg 以上时，整个白天的太阳能功率都不能充满储能电池，因此，当储能电池密度为 550W·h/kg 和 650W·h/kg 时，飞行器的航迹基本没有变化。

不同能量密度条件下，储能电池中剩余能量的百分比如图 4-33 所示。当储能电池能量密度为 350W·h/kg 时，剩余能量是 0.235，当能量密度增长到 450W·h/kg

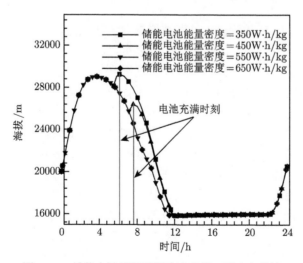

图 4-32　储能电池不同能量密度条件下的飞行航迹

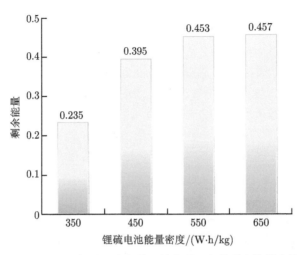

图 4-33   不同能量密度条件下储能电池中的剩余能量占比

时,储能电池中的剩余能量快速增长到了 0.395。但是,当能量密度增加到 550W·h/kg 后,剩余能量的增长就非常缓慢了。在 550W·h/kg 的能量密度时,剩余能量为 0.453,相比该值,当能量密度增长到 650W·h/kg 时,储能电池中的剩余能量几乎没有增加。这也就是说,当能量密度小于 550W·h/kg 时,储能电池中剩余电量对能量密度的提升比较敏感,当能量密度提升到一定程度后,白天太阳能电池转化的功率已无法充满储能电池时,储能电池的能量密度就不是制约太阳能飞行器性能的主要因素了。

3. 抗风能力与飞行稳定性技术

太阳能飞行器的翼载荷较小,其结构具有大展弦比、轻质、柔性的特征。在翼载荷的约束条件下,设计足够强度的,具有足够抗风能力和飞行稳定性的机身结构和控制系统是一项十分具有挑战性的工作 [232-234]。由于太阳能飞行器可飞行的最低高度主要由其所具备的抗风能力与飞行稳定性能力决定,因此可以预期抗风能力与飞行稳定性技术的提高,将对飞行器高空长航时性能的提升带来积极的影响。这里,以飞行器最能达到的最低飞行高度作为抗风能力与飞行稳定性技术的指标。由于风场在高度上的分布特征,这两者之间的关联并不是线性的,但是在定性的讨论中,通过这种假设可以分析抗风能力与飞行稳定性技术对飞行器性能的提升作用。假设飞行器所能达到的最低飞行高度分别为 $h_{\text{threshold}} = [16\ 12\ 8\ 4]$km,则不同的最低高度对太阳能飞行器的影响如图 4-34 和图 4-35 所示。

从图 4-34 可以看出,可到达的飞行高度越低,飞行器所需的平飞巡航时间就越短,当飞行器可到达的最低高度设置为 4km 时,飞行器甚至不需要平飞巡航就能度过整个夜晚的时间。这主要由于最低高度设置的越低,飞行器可用的重力势能就越多，而根据第 3 章的讨论，高度越低，单位高度所支持的重力滑翔时间就越长。因此，对于给定参数的太阳能飞行器，如果可到达的最低高度设置在 4km以下，飞行器在不需要携带储能电池的情况下，依靠重力势能储能就可以完成高空长航时飞行。由此也可以看出，可到达的最低高度即飞行器的抗风能力和飞行稳定性技术对太阳能飞行器的性能有着非常重要的影响。这同时也解释了为什么许多低空的太阳能飞行器可以实现长航时的飞行 (比如有人驾驶的太阳能飞行器Solar Impulse[235])，但是至今为止还没有太阳能飞行器实现真正意义上的高空长航时飞行。

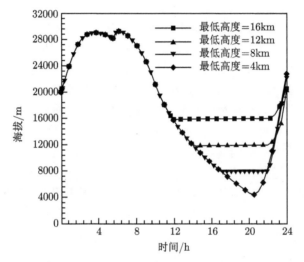

图 4-34 可到达的最低高度对飞行器航迹的影响

可到达的最低高度对储能电池中剩余能量百分比的影响如图 4-35 所示。当

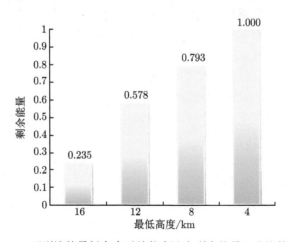

图 4-35 可到达的最低高度对储能电池中剩余能量百分比的影响

最低高度设置为 16km 时，储能电池夜间飞行后所剩余的能量为 0.235。当飞行器最低高度设置为 12km 时，该值迅速提升到 0.578，这相当于将储能电池的能量密度提升到了 550W·h/kg 以上。当最低高度分别设置为 8km 和 4km 时，剩余能量分别为 0.793 和 1.000。该结果显示储能电池中的电量对可到达的飞行高度非常敏感。如果飞行器的抗风能力与飞行稳定性技术能够取得突破，即飞行器可以在夜间安全地飞行到更低的高度，飞行器的高空长航时能力将取得巨大突破。

4.5　重力势能储能与储能电池储能的等价性

在过去几年，利用重力势能储能的方法已被众多太阳能飞行器研究和设计人员所接受 [18,212,235]。尽管如此，该方法在航空工程中的应用还没有完全展开。造成这种状态的一个重要原因是对于以燃料为动力的飞行器而言，环境并不是主要的能源获取和存储手段。但是，随着高空长航时太阳能飞行器技术的发展，如何最大限度地利用和存储从环境中获取的能源变得越来越重要，并会对未来太阳能飞行器能否实现真正意义上的高空长航时飞行产生决定性的影响。

为了使基于重力势能储能的方法更贴合太阳能飞行器的工程应用，还有许多理论上的问题需要进行讨论，其中之一就是分析重力势能储能与储能电池储能之间的等价性。即要回答以下几个问题：在什么情况下采用重力势能储能的方式更有利？在什么情况下采用储能电池储能更有利？如何对两种储能方式的等价性进行比较？对等价性影响的关键因素有哪些？本节将围绕这几个问题展开讨论。

4.5.1　航时因子定义

对于太阳能飞行器而言，要实现高空长航时飞行，最大的问题是如何在没有太阳辐射的夜间依然能够保持飞行，同时满足给定的高度要求。目前，航空学界通常采用储能电池来存储飞行器白天富余的电能以供夜间飞行使用 [205]。对于储能电池储能，飞行器在有太阳辐射时，太阳能电池转化的一部分电能用于保持平飞巡航，另一部分电能储存在储能电池中，当太阳辐射消失时，储能电池向飞行器供电，继续保持平飞。而对于重力势能储能，飞行器在有太阳辐射时，太阳能电池转化的所有电能都用于爬升，当太阳辐射消失时，飞行器依靠重力滑翔保持飞行，直到飞行器到达设定的最低飞行高度。可以看出，无论是储能电池储能还是重力势能储能，从本质上讲，飞行器都是依靠太阳辐射提供的能源进行飞行。因此，可以定义如下参数来衡量重力势能储能和储能电池储能之间的等价性：

$$K_P = \frac{T_{\mathrm{FE}}}{Q_S} = \frac{T_{\mathrm{FE}}}{\displaystyle\int_0^{T_S} P_S \mathrm{d}t} \tag{4.64}$$

其中 T_{FE} 为飞行器的飞行航时,它包括有太阳辐射时和无太阳辐射时的飞行时间; Q_S 是有太阳辐射时的太阳辐射总能量,它等于太阳辐射强度 P_S 在有太阳辐射的时间段 T_S 上的积分; K_P 被称为航时因子,可用于衡量在给定太阳辐射强度的时间段内所能支撑的飞行器飞行航时。由于在给定的时间段内,太阳辐射总能量是一个定值,而采用不同的储能方式,飞行器所能飞行的时间不尽相同,因此,可以用航时因子来分析重力势能储能和储能电池储能之间的等价性。

4.5.2 等价性计算与比较

1. 等价性计算

对于采用储能电池的方式,在太阳能功率足够时,始终采用定高平飞方式飞行,同时富余的太阳能功率用于向储能电池充电。当太阳能功率不足时,储能电池将释放电能以继续保持水平飞行,直到储能电池中的电能全部释放。这种情况下,飞行器在定高平飞阶段所需求的功率可以按公式 (4.65) 计算,其中 P_{level} 为阻力消耗的功率,q 是向储能电池充电的功率,Q_B 是储能电池的电量,m_b 和 E_b 分别是储能电池的质量和能量密度。

$$P_{\mathrm{RB}} = \begin{cases} P_{\mathrm{level}} + q, & P_S > P_{\mathrm{level}}, \quad Q_B \leqslant m_b E_b \\ P_{\mathrm{level}}, & Q_B > m_b E_b \left(1 - \eta_B\right) \\ 0, & P_S \leqslant P_{\mathrm{level}}, \quad Q_B \leqslant m_b E_b \left(1 - \eta_B\right) \end{cases} \tag{4.65}$$

飞行器的飞行航时包括有太阳辐射和无太阳辐射两部分,即

$$T_{\mathrm{FE}} = T_S + T_{\mathrm{BD}} \tag{4.66}$$

其中 T_{BD} 为储能电池依靠放电所能维持的飞行时间,可按如下公式进行计算:

$$T_{\mathrm{BD}} = \frac{m_b E_b \left(1 - \eta_B\right)}{P_{\mathrm{level}}} \tag{4.67}$$

计算定高平飞时飞行器所需求的功率 P_{level} 的方法参见 4.4.1 节。

对于采用重力势能储能的方式,所有从太阳辐射转化来的功率都将用于爬升,直到太阳能功率不足以维持飞行器的平飞。接着飞行器将采用重力滑翔的方式继续保持飞行,直到到达飞行器的起始飞行高度。因此,在该方式下,飞行器飞行过程中,所需求的功率可以按如下方式计算:

$$P_{\mathrm{GP}} = \begin{cases} \eta_A \eta_{\mathrm{PC}} \eta_{\mathrm{MPPT}} \eta_{\mathrm{SC}} P_S, & P_S \geqslant P_{\mathrm{level}} / \left(\eta_A \eta_{\mathrm{PC}} \eta_{\mathrm{MPPT}} \eta_{\mathrm{SC}}\right) \\ 0, & P_S < P_{\mathrm{level}} / \left(\eta_A \eta_{\mathrm{PC}} \eta_{\mathrm{MPPT}} \eta_{\mathrm{SC}}\right) \end{cases} \tag{4.68}$$

计算飞行器重力滑翔飞行航时的方法参见 4.4.2 节。

2. 等价性比较

基于 4.5.1 节的定义,本节采用 4.4 节中所定义的模型以及表 4-4、表 4-5 中所列的参数,对重力势能储能和储能电池储能之间等价性的比较方法进行介绍。这里假设飞行器飞行的初始高度为 $h = 10\ \mathrm{km}$,太阳辐射强度为 $P_S = 1000\mathrm{W/m^2}$,有太阳辐射的时间段为 $T_S = 0.1\mathrm{h}$,储能电池最大充电功率设置为 $q_{\max} = 960\mathrm{W}$。

对于采用储能电池的方式,飞行器始终保持零度的航迹俯仰角在 10km 的高度进行定高飞行,而采用重力势能储能的方式,飞行器将首先在有太阳能功率时爬升到一定的高度,然后在太阳能功率不足时通过重力滑翔的方式下降到 10km,在两种储能方式下,飞行器的高度和功率需求随时间的变化如图 4-36 和图 4-37所示。

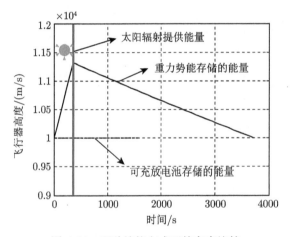

图 4-36 两种储能方式下的高度比较

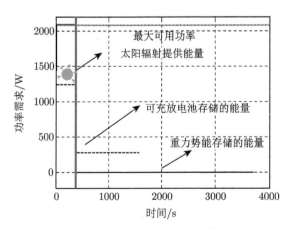

图 4-37 两种储能方式下的功率需求比较

从图 4-36 可以看出，采用重力势能的储能方式，飞行器可以飞行的时间为 $T_{\mathrm{EF}}|_{\mathrm{GP}} = 3720\mathrm{s}$，而采用储能电池的储能方式，飞行器只能飞行 $T_{\mathrm{EF}}|_{\mathrm{RB}} = 1577\mathrm{s}$。为定量比较两者之间的等价性，可以采用航时因子之比进行描述，即

$$\mathrm{RK}_P = \frac{K_P|_{\mathrm{GP}}}{K_P|_{\mathrm{RB}}} = \frac{T_{\mathrm{EF}}|_{\mathrm{GP}}}{T_{\mathrm{EF}}|_{\mathrm{RB}}} = \frac{3720}{1577} \approx 2.36 \tag{4.69}$$

也就是说，按照公式 (4.69)，可以认为在给定条件下，重力势能储能的效率是储能电池储能效率的 2.36 倍。由此可以认为，采用重力势能储能的方式比采用储能电池储能的方式更有利。

在给定的 10km 高度条件下，重力势能储能方式优于储能电池储能方式的原因可以由图 4-37 来解释。图 4-37 是两种储能方式下的功率需求比较，从中可以看出，在有太阳辐射时期，采用重力势能储能的方式，飞行器的需求功率达到了最大可用功率，也就是说飞行器最大化地利用了可用功率，并将其存储在了重力势能当中；而采用储能电池储能的方式，由于储能电池充电速率的限制，飞行器只利用了部分可用的功率，其余部分则无法利用。因此从有用功率利用的角度讲，重力势能储能方式比储能电池储能方式的效率要高。而在没有太阳辐射时期，采用重力势能储能的方式，飞行不需要额外的电功率，仅依靠重力滑翔就可以保持飞行，直到飞行器到达初始的 10km 高度，而采用储能电池储能的方式，飞行器则需要依靠储能电池释放电能以继续保持定高平飞，直到储能电池中的电能完全释放。

4.5.3 对等价性影响的关键因素分析

1. 太阳辐照时长

在等价性比较中，所选择的太阳辐照时长为 $T_S = 360\mathrm{s}$，飞行器上升的高度约为 1130m。如果太阳辐照的时间变长，毫无疑问，飞行器将到达更高的高度。但是太阳辐照时长对航时因子之比的影响关系仍然需要进一步讨论。

假设太阳辐照时长分别为 1800s、3600s、5400s 和 7200s，采用重力势能储能的方式，在不同辐照时长下，飞行器的高度曲线如图 4-38 所示。从图中可以看出，在四种辐照时长下，飞行器所能到达的高度分别为 16.4km、22.1km、26.4km 和 28.9km。正如第 3 章所讨论，飞行器所飞高度越高，大气密度越低，在相同太阳能功率下，飞行器的俯仰角就会越小。如图 4-39 所示，在 1800s、3600s、5400s 和 7200s 飞行器的俯仰角分别为 9.7°、5.1°、2.5° 和 0.9°，这也就意味着飞行器在单位时间内所能上升的高度越来越低。也就是说，随着太阳辐照时长的增加，虽然飞行器的高度会增加，但增加速度会越来越缓慢，同时由于高空大气密度稀薄，单位高度的重力势能所能支持的滑翔时间也会越来越短。

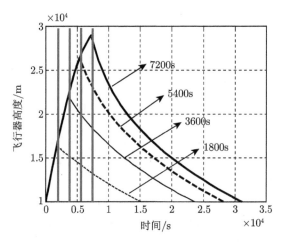

图 4-38　不同辐照时长下飞行器高度随时间变化曲线

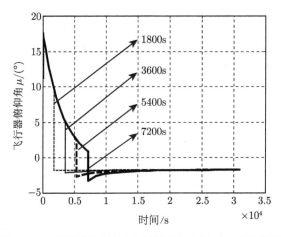

图 4-39　不同辐照时长下飞行器俯仰角随时间变化曲线

若采用储能电池储能的方式，由于飞行高度始终是恒定的，所以在不达到储能电池所能存储电量最大值的前提下，储能电池中所存储的电量和飞行航时及太阳辐照时长都呈正比关系，如图 4-40 所示。当太阳辐照时长分别为 1800 s、3600s、5400s 和 7200s 时，飞行器所能飞行的时间分别为 7886s、15768s、23660s 和 31500s。

通过以上分析可以看出，随着太阳辐照时长的增加，重力势能储能的航时因子与储能电池储能的航时因子之比的值会越来越低，即相比于储能电池储能而言，重力势能储能的效率会越来越低。不同辐照时长下，航时因子之比的变化趋势如图 4-41 所示。从图中可以看出，当辐照时长分别为 1800s、3600s、5400s 和 7200s 时，航时因子之比 RK_P 的值分别为 1.92、1.50、1.20 和 0.98。所有这些值都比辐照时长为 360s 时的 $\mathrm{RK}_P = 2.36$ 要低，当辐照时长为 7200s 时，RK_P 的值甚至小于 1，说明此时，重力势能储能的效率比储能电池储能的效率要低。

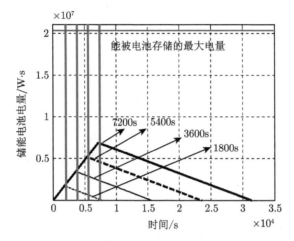

图 4-40　不同辐照时长下储能电池电量随时间的变化曲线

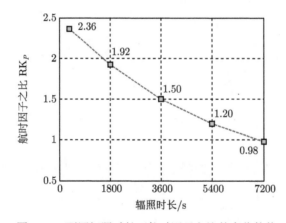

图 4-41　不同辐照时长下航时因子之比的变化趋势

2. 储能电池充电速率

充电速率决定着储能电池从完全放电状态到充满状态所需的时间。向储能电池充电的功率来自能源管理系统，按照储能电池的不同特性，整个充电时间大概要 $2 \sim 5\mathrm{h}$。当然，能源管理系统还必须要有多种手段检测储能电池是否达到充满电的状态，比如检测截止电压、温度等，以防止过充而对储能电池造成损害[236]。

为了方便对储能电池充电速率的讨论，将充电速率的单位用 W 表示，这样充电的功率和阻力消耗的功率在单位上一致。通常来说，相对于储能电池的容量来说，充电速率过高，会对储能电池的容量和可用循环次数有影响，但是如果充电速率太低，在给定的时间段内，充入的电量就会过少。

这里，假设太阳辐照时长为 5h，储能电池的充电速率分别设置为 400W、800W、1200W 和 1600W。图 4-42 显示的是采用储能电池储能的方式，不同充电速率下储能电池中电量随时间的变化关系。从图中可以看出，在不同的充电速率下，飞行器的飞行航时分别是 12.04h、19.09h、20.73h 和 20.73h。这也就意味着，储能电池的充电速率越高，储能电池所能充入的电量就越多，所能支撑的飞行时间也越长。但是，当储能电池的电量达到最大值后 (即图 4-42 中的蓝线)，充电速率再增大，对航时就没有影响了，因为此时电量已无法再充入储能电池。如图 4-43 所示，当充电速率超过 3000W/s 之后，航时因子之比 RK_P 将不再发生变化。

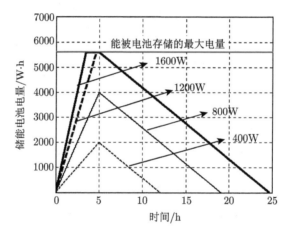

图 4-42 不同充电速率下储能电池电量随时间的变化关系

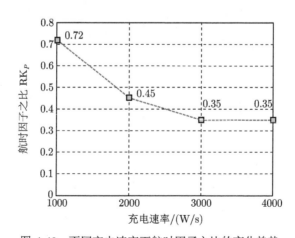

图 4-43 不同充电速率下航时因子之比的变化趋势

从 4.5.3 节 1. 太阳辐照时长中的讨论可知，当太阳辐照时长为 2h 时，重力势能储能相对于储能电池储能已经没有优势了，并且辐照时长越长，重力势能储能的效率越低。因此当辐照时长为 5h 时，从整体上讲，重力势能储能的效率都比储能电池要低。并且随着储能电池充电功率的增加，这种变低的趋势越来越明显，直到在给定时间内储能电池电量充满，之后航时因子之比便不随充电速率的增大而变化。

3. 储能电池能量密度

储能电池对于太阳能飞行器夜间飞行来说是至关重要的。评估储能电池性能的一个重要指标是储能电池的能量密度。4.4.4 节 2. 储能电池技术已对储能电池进行过简要介绍，这里不再赘述。

与 4.4.4 节 2. 储能电池技术类似，这里仍假设储能电池的能量密度分别为 $E_b=$ [350 450 550 650] W·h/kg，太阳辐照时长假设为 5h，储能电池的充电速率为 1600W，其余参数与 4.5.2 节中一致。同样，由于假设的辐照时长大于 2h，可以预期在这种情况下航时因子之比 RK_P 依然会小于 1。因为在给定的辐照时长和给定的充电速率条件下，采用储能电池储能的方式，需要充入储能电池的电量总量是一定的，所以储能电池能量密度越大，所需的储能电池的重量也就越轻。减少了储能电池的重量，也就意味着减轻了飞行器的翼载荷，这样飞行器在平飞巡航中所消耗的功率也会越少。储能电池能量密度对飞行器性能的影响如图 4-44 和图 4-45 所示。

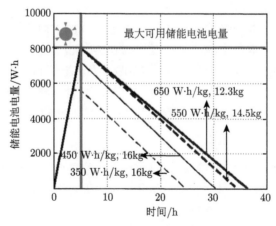

图 4-44 不同能量密度下储能电池电量随时间的变化关系

从图 4-44 中可以看出，当储能电池能量密度为 350W·h/kg 和 450W·h/kg 时，由于假设储能电池的质量为 16kg，因此储能电池的电量并没有达到最大可用电量值。当储能电池能量密度分别为 550W·h/kg 和 650W·h/kg 时，储能电池所储存的电量达到最大可用电量值，此时，所需的储能电池的质量分别为 14.5kg 和 12.3kg。从图 4-44 也可以看出，储能电池能量密度的提升对储能电池中的电量有两种类型的影响：第一种类型是在没有达到最大可用电量值时，提高储能电池所能存储的电量；第二种类型的影响是当达到最大可用电量值时，减少所需储能电池的质量，从而降低飞行器在平飞巡航时所需的功率。

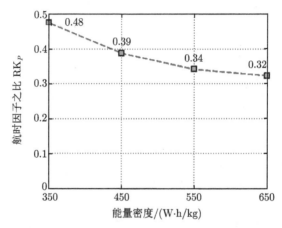

图 4-45　不同能量密度下航时因子之比的变化趋势

如前所述，当太阳辐照时长大于 2h 时，航时因子之比 RK_P 整体上小于 1，如图 4-45 所示。当储能电池能量密度分别为 350W·h/kg、450W·h/kg、550W·h/kg 和 650W·h/kg 时，重力势能储能和储能电池储能的航时因子之比分别为 0.48、0.39、0.34 和 0.32。储能电池能量密度从 350W·h/kg 增长到 450W·h/kg 时，主要是第一种类型的因素在起作用，而从 550W·h/kg 增长到 650W·h/kg 时，则主要是第二种类型的因素在起作用。由此，从图 4-45 可以看出，在储能电池能量密度增大的过程中，第一种因素所起的作用比第二种因素所起的作用要大。

4. 初始飞行高度

初始高度越低，大气密度越高，同样升力系数条件下动压就越高，这将直接提升飞行器的气动效率。因此，初始高度将对太阳能飞行器重力势能储能和储能电池储能之间的等价性产生重要影响。

为了讨论初始高度对航时因子之比的影响，这里先不考虑风的影响。飞行器的初始高度设定为 $h_{\text{init}} = [5\ 10\ 15\ 20]$km，太阳辐照时长设置为 2h，其余参数与 4.5.3 节 3. 储能电池能量密度相同，则初始高度对飞行器飞行高度和俯仰角的影响如图 4-46 和图 4-47 所示。

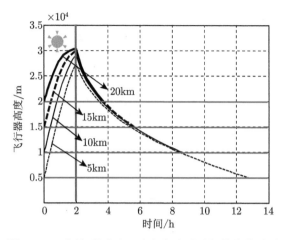

图 4-46　不同初始高度下飞行高度随时间的变化关系

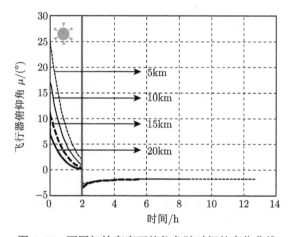

图 4-47　不同初始高度下俯仰角随时间的变化曲线

图 4-46 是在不同初始高度条件下，飞行器的飞行高度随时间的变化关系，从图中可以看出：采用重力势能储能的方式，初始高度越高，在相同的太阳辐照时长条件下，飞行器所能飞行的航时越短。在初始高度分别为 5km、10km、15km 和 20km 条件下，飞行器的飞行总时长分别为 12.8h、8.6h、5.6h 和 3.7h。其原因依然可以从俯仰角的变化中找到。图 4-47 所示为不同初始高度下俯仰角随时间的变化曲线，从图中可以看出，在不同高度条件下，飞行器的最大俯仰角分别为 25.3°、17.6°、11.1° 和 6.6°。而当太阳辐照消失时，最大的负俯仰角分别为 −2.79°、−3.27°、−3.49° 和 −3.60°。这也就是说，随着初始高度的增高，当存在太阳辐照时，飞行器所能上升的垂直高度越来越小，而当不存在太阳辐照时，飞行器下降的高度却越来越大。

而对于储能电池储能来说，当初始高度分别为 5km、10km、15km 和 20km 时，飞行器的飞行总时长分别为 11.2h、8.8h、6.5h 和 4.7h。因此航时因子之比 RK_P 的变化趋势如图 4-48 所示，从图中可以看出，当初始高度低于 10km 时，RK_P 的值大于 1，而当初始高度高于 10km 时，RK_P 的值小于 1，也就是说，随着高度的增加，重力势能储能的效率在不断降低。图 4-48 也显示，在设定条件下，在低于 10km 的高度下，采用重力势能的储能方式更有优势。

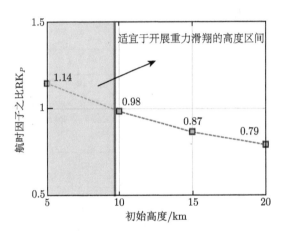

图 4-48   不同初始高度下航时因子之比的变化趋势

对于太阳能飞行器的工程应用而言，更关心太阳辐照时长和初始高度这两种因素组合起来对不同储能方式的航时影响关系，即航时因子在由太阳辐照时长和初始高度所组成的相平面上的变化。图 4-49 描述了这种变化关系，从图中可以看出，在初始高度固定的情况下，随着辐照时长增加，航时因子之比 RK_P 在不断地

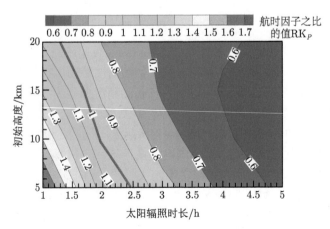

图 4-49   航时因子在太阳辐照时长与初始高度相平面上的变化

下降。而在辐照时长固定的情况下，随着初始高度的增加，航时因子也在不断下降。图 4-49 中红线表示 $RK_P=1$ 的等值线，即在给定参数条件下，等值线的左边，重力势能储能的方式又是储能电池储能的方式，而在等值线的右边，储能电池储能的方式优于重力势能储能的方式。

4.6 本 章 小 结

本章对重力势能储能的基础问题进行研究，在建立太阳能飞行器能源/推进系统模型的技术上，重点对基于重力势能储能的航迹规划方法、能源管理策略和重力势能储能与储能电池储能的等价性这三个问题进行了研究。主要结论可归纳如下。

首先，通过对太阳能飞行器推力和能源的性质进行分析，可以利用几个简化的方程来完成基于重力势能储能的太阳能飞行器航迹规划。而重力势能储能对于太阳能飞行器实现高空长航时飞行具有重要意义。基于重力势能储能的太阳能飞行器航迹可以大体上分为三个阶段：第一阶段飞行器对储能电池充电并爬升到高高度；第二阶段通过重力滑翔下降到低高度；第三阶段在低高度保持平飞巡航。

其次，在基于重力势能储能航迹规划的基础上，设计了基于重力势能储能的能源管理策略。仿真结果显示，通过使用所设计的能源管理策略，飞行器可以始终保持在 16km 以上的高度，而且在完成跨昼夜飞行时，储能电池中还有 23.5% 的能量剩余。这也就意味着，储能电池的重量可以减少 23.5%。基于所设计的能源管理策略，分析了飞行器飞行性能对关键技术的敏感性。仿真结果显示，太阳能电池效率的提升并不能大幅提升飞行器的飞行性能。当储能电池能量密度小于 550W·h/kg 时，能量密度的增加会对飞行性能的提升有明显作用，而当能量密度大于 550W·h/kg 时，这种提升作用变得不甚明显。飞行器抗风能力与飞行稳定性技术对飞行性能的提升具有显著作用，因为该能力的提升，意味着飞行器在夜间可以下降到更低的高度。

最后，对重力势能储能与储能电池储能的等价性进行了讨论。通过定义航时因子，对太阳辐照时长、储能电池充电速率、储能电池能量密度和初始飞行高度四个影响长航时飞行性的主要关键因素进行了分析。结果显示，太阳辐照时长的增长、储能电池充电速率的增大、储能电池能量密度的提升以及初始飞行高度的增加都会导致航时因子的降低。但是储能电池能量密度对飞行航时的影响表现在两个方面：第一个方面是在没有达到最大可用电量时，能量密度的提升可增加存储的电量；另一个方面是在达到最大可用电量时，能量密度的提升可减小所需的储能电池从而降低平飞时所需的功率消耗。

　　本章的工作可为重力势能储能方法在太阳能飞行器高空长航时飞行中的应用提供理论指导。通过本章的分析，可以预期，通过重力势能储能的方式，太阳能飞行器的跨昼夜飞行能力会有大幅的提升。

第 5 章　梯度风动态滑翔运动特征分析

5.1　引　　言

动态滑翔是一种通过机动飞行的方式从梯度风中获取能量的飞行技巧 [237]，通过动态滑翔，鸟类可以在只消耗少许控制力的情况下，无须拍动翅膀就可实现长达几千千米甚至环绕地球的飞行 [17]。受到这一现象的启发，人们开始思考是否可以利用动态滑翔实现无人飞行器的高空长航时飞行 [81-85]？因为在海平面上空和高空大气层中 (10~20km 高度) 广泛存在稳定的梯度风，结合近期无人飞行器技术的快速发展，动态滑翔有可能成为一种新的开发自然界中梯度风能量的方式 [65]，并可用于提升太阳能飞行器的高空长航时飞行性能 [86]。

本章对动态滑翔的航迹类型与运动特征进行分析，首先对动态滑翔解的存在性条件进行分析。然后按照不同的边界条件，对动态滑翔航迹进行分类。最后通过对动态滑翔运动特征进行分析，按照动态滑翔特征对航迹进行分解，结合运动特征设计动态滑翔的飞行控制策略。本章内容为分类动态滑翔的飞行运动特点提供了理论依据。

5.2　动态滑翔解存在性条件

5.2.1　梯度风动态滑翔模型

1. 梯度风模型

梯度风是发生在气流分离区域处的一种大气现象 [87]。存在梯度风是进行动态滑翔的必要条件，梯度风的方向、大小对动态滑翔性能也有显著的影响。因此，对梯度风进行精确建模是分析动态滑翔特征的前提 [238]。由于在不同的区域，梯度风的特征不尽相同，因此需要对不同的梯度风特征建立不同的模型。在海平面上空，靠近海平面的区域风速很小，但风速随着高度的升高快速增加，因此 Sachs 等 [75,91]，Akdag[239] 和 Shen 等 [240] 采用指数模型对其进行建模。指数模型可以表示为如下形式：

$$V_W\left(h\right) = V_R\left(\frac{h}{h_R}\right)^p \tag{5.1}$$

其中 h 是高度；V_W 是风速，它是高度的函数；h_R 是参考高度；V_R 是在参考高度处的风速；p 代表梯度风剖面形状的参考值，其取值与风吹过的表面性质有关。

在高空大气层中也存在梯度风，尤其在 15~20km 的高度范围。在该区域，风速随着高度基本呈线性变化，因此 Grenestedt 等 [86] 和 Zhao 等 [241] 等都采用线性模型来描述这类梯度风的特性，即线性梯度风模型，它可以表示如下：

$$V_W = Bh \tag{5.2}$$

其中 B 代表梯度风的强度。

不难发现当 $p = 1$ 时，方程 (5.1) 便退化成方程 (5.2)，因此，方程 (5.1) 可以视为一个通用梯度风模型。在不同参考值 p 的条件下，梯度风剖面形状的变化如图 5-1 所示。

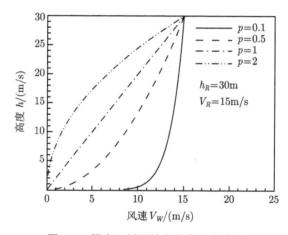

图 5-1 梯度风剖面随参考值 p 的变化

通常，参考值 p 由在某一地区两到三个不同高度处对风速值的长期观察 (通常为年量级) 来确定 [242]，该值与气象条件的稳定性、地形条件和测量高度的间隔有关。通常，在有高大建筑的城市地区上空，p 的值在 0.4 左右；在小城市或者森林区域的上空，p 的值在 0.2~0.3 左右；而在平原地区、湖面或是海面，p 的值最小，在 0.1 左右 [243]。经过长年观测，不同地区 p 的取值如表 5-1 所示。

为了分析方便，本章采用线性梯度风模型，即 $p = 1$，梯度风模型表示如下：

$$V_W (h) = V_R \left(\frac{h}{h_R} \right)^p = \frac{V_R}{h_R} h = \beta h \tag{5.3}$$

其中 β 表示梯度风的强度。

表 5-1 梯度风强度年均参考值

地区	观测高度		观测时间/年	参考值 p	出处
	h_R	h			
Boulder, CO, USA	10	25	6	0.11	[239]
Riyadh, Saudi Arabia	30	40	5	0.14	[244]
Riyadh, Saudi Arabia	20	40	5	0.16	[244]
Chandler, MN, USA	10	30	5.5	0.19	[243]
Breckenridge, MN, USA	10	30	9	0.21	[239]
Dhulom, Saudi Arabia	30	40	14	0.26	[239]
Riyadh, Saudi Arabia	20	30	3	0.29	[245]
Lowa, USA	25	50	3	0.33	[239]
Swatar, Malta	10	25	6	0.36	[246]
Brewster, MA, USA	38	49	1	0.38	[243]
Paks, Hungary	20	50	2	0.45~0.5	[243]
Isabella, MN, USA	30	50(75)	1	0.54(0.45)	[243]

2. 动态滑翔动力学方程

为分析飞行器在梯度风中的运动特征,通常采用三自由度 (3DoF) 的质点飞行动力学方程进行分析。该动力学方程的描述形式主要分为两大类:一类称为 Sachs 动力学方程 [75,90,91,247];另一类称为 Zhao 动力学方程 [62,76,89,241]。Bower [248] 在对两类模型进行详细地分析和比较后认为:相对于以三个位置变量为状态量的 Sachs 动力学方程,以空速、航迹角和航向角作为状态量的 Zhao 动力学方程在对问题的理解上更为直观。基于这个原因,本书也采用 Zhao 动力学方程进行分析。为不失一般性,假设一个不随时间变化的线性梯度风始终从 x 轴的负向吹往正向。模型中力和角度的定义如图 5-2 所示。

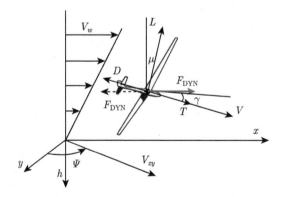

图 5-2 作用在飞行器上的力和直角坐标系下的角度

图 5-2 中,V 代表空速;x 和 y 代表平面坐标上的位置;μ 表示滚转角;L 代表升力;D 代表阻力;T 为飞行器推力;F_{DYN} 是飞行器在梯度风飞行过程中

产生的一个虚拟力,其含义将在后面讨论; V_{xy} 为速度在 xy 平面上的投影; Ψ 为航向角; γ 为航迹角。

Zhao 动力学方程的微分方程形式如下:

$$mV = T - D - mg\sin\gamma - m\dot{V}_W\cos\gamma\sin\Psi \tag{5.4}$$

$$mV\cos\gamma\dot{\Psi} = L\sin\mu - m\dot{V}_W\cos\Psi \tag{5.5}$$

$$mV\dot{\gamma} = L\cos\mu - mg\cos\gamma + m\dot{V}_W\sin\gamma\sin\Psi \tag{5.6}$$

$$\dot{h} = V\sin\gamma \tag{5.7}$$

$$\dot{x} = V\cos\gamma\sin\Psi + V_W(h) \tag{5.8}$$

$$\dot{y} = V\cos\gamma\cos\Psi \tag{5.9}$$

升力 L 和阻力 D 的值分别按照如下公式计算:

$$L = \frac{1}{2}\rho S_w C_L V^2 \tag{5.10}$$

$$D = \frac{1}{2}\rho S_w C_D V^2 \tag{5.11}$$

其中 ρ 为大气密度, S_w 为飞行器的参考面积, C_L 和 C_D 分别为升力系数和阻力系数。与重力滑翔不同,动态滑翔过程中高度变化尺度较小 (数十米量级),大气密度变化不大。此时,可以将阻力系数 C_D 表示成依赖升力系数 C_L 变化的关系式,即

$$C_D = C_{D0} + kC_L^2 \tag{5.12}$$

其中 C_{D0} 和 k 均为方程拟合系数。

由于方程 (5.4)~(5.6) 建立在风速坐标系,方程 (5.7)~(5.9) 建立在地面坐标系,而在梯度风中飞行的飞行器,其风速坐标系相对地面坐标系并不是惯性系,因此存在一个虚拟的力 F_{DYN} 作用在飞行器上。由于 F_{DYN} 为虚拟力,因此其实际作用方向与所指方向相反,如图 5-2 所示。F_{DYN} 可以表示如下:

$$F_{\mathrm{DYN}} = -m\dot{V}_W \tag{5.13}$$

采用指数型梯度风模型,F_{DYN} 在空速方向上的投影可以表示为

$$(F_{\mathrm{DYN}})_V = -m\dot{V}_W\cos\gamma\sin\Psi = -m\frac{pV_R}{h_R}\left(\frac{h}{h_R}\right)^{p-1}V\sin\gamma\cos\gamma\sin\Psi \tag{5.14}$$

而在线性梯度风模型下,F_{DYN} 在空速方向上的投影可以表示为

$$(F_{\mathrm{DYN}})_V = -m\dot{V}_W\cos\gamma\sin\Psi = -\beta mV\sin\gamma\cos\gamma\sin\Psi \tag{5.15}$$

从方程 (5.15) 中可以明显看出，要使飞行器从梯度风中获取能量，当梯度风强度参数为正时，就必须使 $\sin\gamma$ 和 $\sin\Psi$ 的乘积为负，即逆风上升或是顺风下降；当梯度风强度参数为负值时，就必须使 $\sin\gamma$ 和 $\sin\Psi$ 的乘积为正，即逆风下降或是顺风上升。也就是说，梯度风强度的值无论正负，只要存在梯度风，飞行器就有可能通过特定的飞行方式从中获取能量。

5.2.2 动态滑翔目标函数与边界条件

1. 动态滑翔目标函数

飞行器动态滑翔的主要目的是从梯度风中获取能量，并且直观地观察可以发现，梯度风强度越大，飞行器从中所能获取的能量也越多。为此，Sachs 将动态滑翔的最优轨迹定义为在经过一个动态滑翔周期后能量保持不变的前提下，所需梯度风强度最小的轨迹 [75]。即动态滑翔目标函数可表示如下：

$$\min J(X) = \beta \tag{5.16}$$

2. 动态滑翔边界条件

动态滑翔最优轨迹的类型主要由不同的边界条件确定。Sachs 等 [91] 和 Zhao[62] 将动态滑翔的最优轨迹分为两类：第一类称为 travelling pattern，也称 bend type，即弯曲形航迹；另一类称为 loiter pattern，也称 oval type，即椭圆形航迹。本章研究过程中假设梯度风强度 $\beta > 0$，即风速从地表开始不断增大。通过方程 (5.15) 的分析可知，飞行器在这种情况下可以通过逆风上升或是顺风下降的方式，从梯度风中获取能量。

如 5.2.2 节 1. 动态滑翔目标函数所述，在经过一个动态滑翔周期后，要使飞行器能量保持不变，一种方法是使飞行器的初始状态和最终状态不变，即位置、空速、航向角和航迹角都保持不变，则动态滑翔的边界条件可表示为

$$\begin{aligned}
V(t_f) &= V(t_0) \\
\Psi(t_f) &= \Psi(t_0) \\
\gamma(t_f) &= \gamma(t_0) \\
h(t_f) &= h(t_0) \\
x(t_f) &= x(t_0) \\
y(t_f) &= y(t_0)
\end{aligned} \tag{5.17}$$

由于在对飞行器终点的平面位置不加约束的情况下，也可以保持飞行器能量

不变，因此动态滑翔的边界条件也可以表示为

$$
\begin{aligned}
V\left(t_f\right) &= V\left(t_0\right) \\
\Psi\left(t_f\right) &= \Psi\left(t_0\right) \\
\gamma\left(t_f\right) &= \gamma\left(t_0\right) \\
h\left(t_f\right) &= h\left(t_0\right)
\end{aligned}
\tag{5.18}
$$

方程 (5.17) 是椭圆形航迹的边界条件，而方程 (5.18) 便是弯曲形航迹的边界条件。

在动力学方程 (5.4)~(5.9) 中，控制变量为 T、γ、C_L，由于在动态滑翔中不考虑有推力的情况，因此实际只有两个控制变量 γ、C_L。在飞行过程中，控制变量必须满足以下约束：

$$
\begin{aligned}
C_{L\min} &\leqslant C_L \leqslant C_{L\max} \\
\gamma_{\min} &\leqslant \gamma \leqslant \gamma_{\max}
\end{aligned}
\tag{5.19}
$$

同时，由于动态滑翔过程中需要大的机动以产生相应的加速度，这需要在飞行器的结构上施加过载，而大的过载有可能对飞行器结构产生破坏，因此必须对其加以限制，即还需要增加一个约束条件

$$
n = \frac{L}{mg} \leqslant n_{\max}
\tag{5.20}
$$

5.2.3　动态滑翔最优性条件

1. 动态滑翔参数

从通常意义上讲，可以认为梯度风强度越大，飞行器越容易通过动态滑翔从梯度风中获取能量，但是难以通过定量的方式对这种关系进行描述。并且，除了梯度风强度参数以外，还有哪些环境参数或是无人机设计参数对动态滑翔的性能有影响，也是需要研究的问题。Zhao 曾提出一个风条件参数 (wind condition parameter) 来回答这个问题。所谓风条件参数是一个混合了飞行器翼载 (mg/S_w)、大气密度 ρ 和梯度风强度 β 的参数。Zhao 尝试采用该参数统一描述环境参数和飞行器设计参数对动态滑翔性能的影响。但是，由于该参数是通过对动力学方程进行归一化得到的，而归一化的方法有很多种，这就使得风条件参数在形式上并不能保证唯一性，也不能直观地对动态滑翔性能进行评价。而通过 5.2.1 节的讨论知，方程 (5.4) 表示了推力 (第一项)、阻力 (第二项)、重力 (第三项) 和梯度风所产生的虚拟力 (第四项) 对飞行器空速的影响关系。因此从方程 (5.4) 出发，推导不同因素对动态滑翔性能的影响关系是比较合理的。

将方程 (5.3) 和 (5.7) 代入方程 (5.4) 可得

$$\frac{\mathrm{d}V}{\mathrm{d}t} = -\frac{D}{m} - g\sin\gamma - \beta V\sin\gamma\cos\gamma\sin\Psi \tag{5.21}$$

从方程 (5.21) 中可以看出，方程左面表示飞行器空速的变化。方程右面第一项代表阻力对空速的影响。右面第二项代表重力对空速的影响，由于重力是保守力，因此该项表示空速中蕴含的动能会存储到重力势能当中。右面第三项表示梯度风对速度的影响。这里第一项的值始终为负，即阻力只能不断地消耗空速中的动能，第二项是保守力，第三项可正可负。要使飞行器在无动力条件下在梯度风中持续飞行就必须使第三项保持为正值 (当 $\beta > 0$ 时，$\sin\gamma\,\sin\Psi < 0$)，并且从梯度风中获取的能量 (由第三项表示) 必须大于阻力消耗的能量 (由第一项表示)，这也就意味着

$$\frac{\beta V\sin\gamma\cos\gamma\sin\Psi}{\dfrac{D}{m}} > 1 \tag{5.22}$$

在动态滑翔过程中，可以认为

$$L = mg\cos\gamma \Rightarrow m = \frac{L}{g\cos\gamma} \tag{5.23}$$

将方程 (5.23) 代入 (5.22) 可得

$$D_S = \frac{\beta V\sin\gamma\cos\gamma\sin\Psi}{\dfrac{Dg\cos\gamma}{L}} = \frac{\beta}{g}\frac{C_L}{C_D}V\sin\gamma\sin\Psi \tag{5.24}$$

这里，将 D_S 定义为动态滑翔参数 (dynamic soaring parameter)，从中可以看出，决定飞行器动态滑翔性能的关键参数包括梯度风强度 β，飞行器的升阻比 C_L/C_D，飞行器当前空速 V，航迹角 γ 和航向角 Ψ。

从方程 (5.22) 中也可以看出，如果动态滑翔参数 D_S 大于 1，那么飞行器便可以从梯度风中获取能量；如果动态滑翔参数 D_S 小于 1，那么飞行器便无法从梯度风中获取能量，从而无法完成无动力飞行。但是即使在 D_S 小于 1 的情况下，飞行器依然可以采用有动力的方式通过动态滑翔从梯度风中获取能量以减少飞行器能源的消耗，Zhao 等在文献 [241] 中对这种情况进行过讨论。

2. 必要性条件

通过 5.2.2 节的讨论可以，求解飞行器在梯度风中进行动态滑翔最优轨迹的问题就是在满足动力学方程 (5.4)~(5.9)、控制变量边界 (5.19)、过载 (5.20) 和边界条件 (5.17) 或 (5.18) 的约束条件下求解控制变量 C_L 和 μ 使得性能指标 (5.16) 满足极小值。按照 Pontryagin 极小值原理，通过设定 Hamilton 函数，求解正则

方程、边界条件、极小值条件以及终端时间无约束情况下的函数终值条件，即可求出获得该问题最优解的必要性条件。

按照这一思路，令

$$x = \begin{bmatrix} V & \Psi & \gamma & h & x & y \end{bmatrix}^{\mathrm{T}} \tag{5.25}$$

$$\lambda = \begin{bmatrix} \lambda_V & \lambda_\Psi & \lambda_\gamma & \lambda_h & \lambda_x & \lambda_y \end{bmatrix}^{\mathrm{T}} \tag{5.26}$$

则本问题的 Hamilton 函数形式如下：

$$
\begin{aligned}
H =& \lambda^{\mathrm{T}} \dot{x} \\
=& \lambda_V \left(-\frac{D}{m} - g\sin\gamma - \dot{V}_W \cos\gamma\sin\Psi \right) + \lambda_\Psi \left(\frac{L\sin\mu}{mV\cos\gamma} - \frac{\dot{V}_W \cos\Psi}{V\cos\gamma} \right) \\
& + \lambda_\gamma \left(\frac{L\cos\mu}{mV} - \frac{g\cos\gamma}{V} + \frac{\dot{V}_W \sin\gamma\sin\Psi}{V} \right) + \lambda_h \left(V\sin\gamma \right) \\
& + \lambda_x \left(V\cos\gamma\sin\Psi + V_W(h) \right) + \lambda_y \left(V\cos\gamma\cos\Psi \right)
\end{aligned}
\tag{5.27}
$$

该 Hamilton 函数的正则方程可表示如下：

$$\dot{\lambda} = -\frac{\partial H}{\partial x} \tag{5.28}$$

将方程 (5.25)~(5.27) 代入方程 (5.28) 可得关于速度变量 V 的协状态方程为

$$
\begin{aligned}
\dot{\lambda}_V =& -\frac{\partial H}{\partial V} \\
=& \frac{\lambda_V}{m}\frac{\partial D}{\partial V} - \frac{\lambda_\Psi \sin\mu}{m\cos\gamma}\frac{\partial}{\partial V}\left(\frac{L}{V} \right) - \frac{\dot{V}_W \cos\Psi}{V^2 \cos\gamma} \\
& - \frac{\lambda_\gamma \cos\mu}{m}\frac{\partial}{\partial V}\left(\frac{L}{V} \right) - \frac{\lambda_\gamma g\cos\gamma}{V^2} + \frac{\lambda_\gamma \dot{V}_W \sin\gamma\sin\Psi}{V^2} \\
& - \lambda_h \sin\gamma - \lambda_x \cos\gamma\sin\Psi - \lambda_y \cos\gamma\cos\Psi
\end{aligned}
\tag{5.29}
$$

将方程 (5.10)~(5.12) 代入方程 (5.29) 可得

$$
\begin{aligned}
\dot{\lambda}_V =& \frac{\lambda_V}{m}\left(C_{D0} + kC_L^2 \right)S_w\rho V - \frac{\dot{V}_W \cos\Psi}{V^2 \cos\gamma} - \frac{\lambda_\gamma g\cos\gamma}{V^2} + \frac{\lambda_\gamma \dot{V}_W \sin\gamma\sin\Psi}{V^2} \\
& - \lambda_h \sin\gamma - \lambda_x \cos\gamma\sin\Psi - \lambda_y \cos\gamma\cos\Psi
\end{aligned}
\tag{5.30}
$$

关于航向角变量 Ψ 的协状态方程为

$$
\begin{aligned}
\dot{\lambda}_\Psi &= -\frac{\partial H}{\partial \Psi} \\
&= \lambda_V \dot{V}_W \cos\gamma \cos\Psi - \frac{\lambda_\Psi \dot{V}_W \sin\Psi}{V\cos\gamma} \\
&\quad - \frac{\lambda_\gamma \dot{V}_W \sin\gamma \cos\Psi}{V} - \lambda_x V \cos\gamma \cos\Psi + \lambda_y V \cos\gamma \sin\Psi
\end{aligned}
\tag{5.31}
$$

关于航迹角变量 γ 的协状态方程为

$$
\begin{aligned}
\dot{\lambda}_\gamma &= -\frac{\partial H}{\partial \gamma} \\
&= \lambda_V g \cos\gamma - \lambda_V \dot{V}_W \sin\gamma \sin\Psi \\
&\quad - \lambda_\Psi \frac{L\sin\mu}{mV} \frac{\sin\gamma}{\cos^2\gamma} + \lambda_\Psi \frac{\dot{V}_W \cos\Psi}{V} \frac{\sin\gamma}{\cos^2\gamma} \\
&\quad - \lambda_\gamma \frac{g\sin\gamma}{V} - \lambda_\gamma \frac{\dot{V}_W \cos\gamma \sin\Psi}{V} \\
&\quad - \lambda_h V \cos\gamma + \lambda_x V \sin\gamma \sin\Psi + \lambda_y V \sin\gamma \cos\Psi
\end{aligned}
\tag{5.32}
$$

关于位置变量 h、x、y 的协状态方程分别为

$$
\dot{\lambda}_h = -\frac{\partial H}{\partial h} = -\lambda_x \beta = 0
\tag{5.33}
$$

$$
\dot{\lambda}_x = -\frac{\partial H}{\partial x} = 0
\tag{5.34}
$$

$$
\dot{\lambda}_y = -\frac{\partial H}{\partial y} = 0
\tag{5.35}
$$

Hamilton 函数的边界条件可表示为

$$
\lambda(t_f) = \frac{\partial K}{\partial x_f}
\tag{5.36}
$$

其中，K 为性能指标中的非积分项，即

$$
K = \beta
\tag{5.37}
$$

由此，将式 (5.36)、(5.37) 代入式 (5.33)~(5.35) 可得

$$
\lambda_h = \lambda_x = \lambda_y = 0
\tag{5.38}
$$

Hamilton 函数的极值条件可表示为

$$\frac{\partial H}{\partial u} = 0 \tag{5.39}$$

其中，$u = [C_L \quad \mu]^{\mathrm{T}}$ 为控制变量，代入上式可得关于 C_L 的极值条件为

$$\frac{\partial H}{\partial C_L} = -\frac{\lambda_V}{m}\frac{\partial D}{\partial C_L} + \frac{\lambda_\Psi \sin\mu}{mV\cos\gamma}\frac{\partial L}{\partial C_L} + \frac{\lambda_\gamma \cos\mu}{mV}\frac{\partial L}{\partial C_L} = 0 \tag{5.40}$$

将方程 (5.10)~(5.12) 代入上式，整理得

$$C_L^* = \frac{\lambda_\Psi \sin\mu + \lambda_\gamma \cos\mu \cos\gamma}{2k\lambda_V V\cos\gamma} \tag{5.41}$$

而关于 μ 的极值条件为

$$\frac{\partial H}{\partial \mu} = \frac{\lambda_\Psi L}{mV\cos\gamma}\cos\mu - \frac{\lambda_\gamma L}{mV}\sin\mu = 0 \tag{5.42}$$

整理得

$$\mu^* = \arctan\left(\frac{\lambda_\Psi}{\lambda_\gamma \cos\gamma}\right) \tag{5.43}$$

同时方程终止时刻 t_f 还需满足终止条件

$$H(t_f) = -\frac{\partial K}{\partial t_f} = 0 \tag{5.44}$$

由此可得，方程 (5.30)~(5.35)、(5.41)、(5.43) 和 (5.44) 提供了使性能指标 (5.16) 取极小值的必要条件。

与第 3 章类似，本章依然采用 GPOPS 软件对动态滑翔最优轨迹进行求解。

5.3　动态滑翔运动特征分析

5.3.1　数值解最优轨迹

在数值仿真中，飞行器的模型参数如表 5-2 所示。控制变量升力系数 C_L 的限制条件设定为 $C_{L\min} = 0$，$C_{L\max} = 1.0$；控制变量滚转角 μ 的限制条件设定为 $\mu_{\min} = -75°$，$\mu_{\max} = 75°$。通常，对于信天翁而言，方程 (5.20) 中的过载约

表 5-2　飞行器的模型参数

参数名称	数值	参数名称	数值
质量	$m = 81.7\mathrm{kg}$	最大升力系数	$C_{L\max} = 1.0$
梯度风模型	$h_R = 7,\ V_R = 0.45,\ p = 1$	最大滚转角	$\mu_{\max} = 75°$
翼面积	$S_w = 4.19\mathrm{m}^2$	最大过载	$n_{\max} = 5.0$
气动拟合参数	$k = 0.045$	气动拟合参数	$C_{D0} = 0.00873$

束条件设定为 $n_{\max} = 3.0$ [75]，对于飞行器而言，这一约束可以适当放松，这里令 $n_{\max} = 5.0$，动态滑翔过程中，状态量的初始值如表 5-3 所示。

表 5-3 动态滑翔状态量的初始值

状态名称	数值
初始速度	$V_0 = 67.6\text{m/s}$
初始航向角	$\Psi_0 = 0.18°$
初始航迹角	$\gamma_0 = -12.8°$
初始高度	$h_0 = 0$
初始位置	$x_0 = 0$
初始位置	$y_0 = 0$

按照以上设定参数，以椭圆形航迹为例，可得飞行器典型动态滑翔轨迹如图 5-3 所示。从图中可以看出，此时飞行器所飞行的是一个典型环状航迹，初始位置和终点位置相重合。此时所解算出的最小梯度风强度为 $\beta = 0.067\text{s}^{-1}$，即在此种梯度风条件下，飞行器可以通过动态滑翔的方式实现无动力长航时飞行。

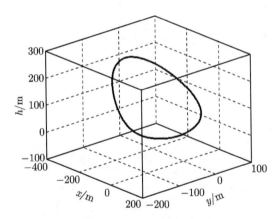

图 5-3 典型动态滑翔航迹示意图

5.3.2 动态滑翔航迹分段特征分析

1. 动态滑翔航迹分段

按照方程 (5.21) 的分析，当梯度风强度 $\beta > 0$ 时，飞行器只有在顺风上升或是逆风下降时，采用从梯度风中获取能量。从这个观点来看，图 5-3 的椭圆形航迹中，在近似垂直 y 轴的两段航迹上，飞行器是可以获取能量的，但是在近似平行于 y 轴的两段航迹上，飞行器是不能获取能量的，这两段航迹的功能是用于连接两段获取能量的航迹。

　　按照这一观点, 图 5-3 中状态变量速度 V、航向角 Ψ、航迹角 γ 和控制变量升力系数 C_L、滚转角 μ 在一个动态滑翔周期内状态变量和控制变量随时间的变化关系如图 5-4 所示。从图中可以看出, 航向角 Ψ (决定飞行器顺风飞行或是逆风飞行) 和航迹角 γ (决定飞行器上升或是下降) 具有明显的分段特征, 并且与两段获取能量的航迹和起连接功能的航迹相对应。因此, 可以用这两个变量的分段特征对一个周期内的动态滑翔特征进行分段, 如图 5-5 所示飞行器椭圆形动态滑翔航迹可以分为四段: 第一段逆风爬升, 第二段高空转弯, 第三段顺风下降, 第四段低空转弯, 从而完成一个动态滑翔周期。

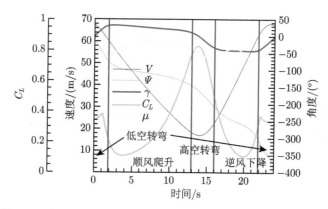

图 5-4　动态滑翔周期内状态变量和控制变量随时间的变化关系

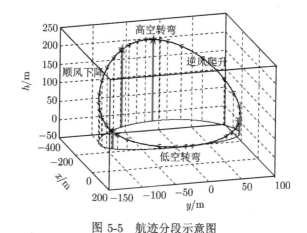

图 5-5　航迹分段示意图

2. 分段航迹特征分析

　　Lawrance 等曾在文献 [70] 中对动态滑翔的航迹分段进行过讨论, 但并没有对各段的航迹特征进行描述。考虑到采用数值方法求解动态滑翔的最优航迹通常十分困难且耗时，采用与研究重力滑翔类似的思路，本章考虑对动态滑翔的各段主要运动特征进行分析，然后采用近似公式对主要特征进行描述，从而简化对动态滑翔航迹的解算。

下面，对图 5-5 所示四段航迹的特征分别进行研究。

第一段：逆风爬升段。

按照方程 (5.21)，逆风爬升段是一个获取能量的阶段，该阶段可以近似认为是在逆风环境中进行爬升的直线，该直线的空间位置由飞行器初始位置、航迹角 γ 和航向角 Ψ 共同确定，并且从图 5-4 中可以看出，在本阶段，航迹角 γ 和航向角 Ψ 与时间近似呈线性变化。因此该阶段的航迹变化特征可表述为：飞行器始终保持逆风爬升，以从梯度风中获取能量，直到飞行器的速度变得很小 (近乎失速) 为止。按照这一设想，由于不存在转弯，飞行器在该阶段的控制变量滚转角 μ 应保持不变，始终为零。由于要保持飞行器的升重平衡，且升力系数 C_L 的变化要依赖空速的变化，并且需要考虑 C_L 的阈值限制，因此本阶段航迹特征可以描述为

$$\mu_{c1} = 0 \tag{5.45}$$

$$C_{Lc1} = \begin{cases} C_{L\min}, & V \geqslant V_{\max} \\ \dfrac{2mg}{\rho S_w V^2}, & V_{\min} \leqslant V < V_{\max} \\ C_{L\max}, & V < V_{\min} \end{cases} \tag{5.46}$$

其中，$V_{\min}$、$V_{\max}$ 因飞行器的飞行性能而事先确定。当飞行器空速达到 $V_{\min}$ 时，飞行器将转入下一段航迹的飞行。

第二段：高空转弯段。

高空转弯段航迹是一个能量消耗的阶段，因此该阶段的航迹特征是能量消耗的值最小。因为在第一段飞行器的空速已经转换为了高度，因此在该阶段飞行器的速度很低。可以认为在该阶段，飞行器所飞行的航迹越短，所消耗的能量也越小。如图 5-5 所示，可以认为本段航迹是由一段圆弧组成的，按照使飞行器所消耗能量最小的观点，应使飞行器在高空转弯段的转弯半径尽可能得小。在该阶段，飞行器的受力如图 5-6 所示。

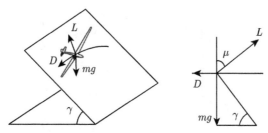

图 5-6 动态滑翔高空转弯段受力示意图

飞行器进入本阶段的速度为 $V_{\min}$，由于飞行器的高度变化并不显著，可认为速度的变化范围也不大，则在本阶段飞行器所受到的升力的最大值为

$$L_{\max} = C_{L\max} \left(\frac{1}{2} \rho V_{\min}^2 \right) S_w \tag{5.47}$$

由于认为本阶段的航迹为一段圆弧，则在该圆弧上运动的飞行器所受的向心力为重力和升力在航迹角为 γ 的平面上的投影。由于阻力的值相比升力通常很小（1/30∼1/20），因此可以忽略阻力，则飞行器在圆弧上运动所受的向心力可以按如下公式计算：

$$F_{C\max} = mg \sin \gamma + L_{\max} \cos \left(\frac{\pi}{2} - \mu_{\max} + \gamma \right) = \frac{mV_{\min}^2}{R_{\mathrm{HA}}} \tag{5.48}$$

将式 (5.47) 代入式 (5.48)，整理得

$$R_{\mathrm{HA}} = \frac{V_{\min}^2}{g \sin \gamma + \dfrac{C_{L\max}}{m/S_w} \left(\dfrac{1}{2} \rho V_{\min}^2 \right) \cos \left(\dfrac{\pi}{2} - \mu_{\max} + \gamma \right)} \tag{5.49}$$

方程 (5.49) 描述了高空转弯段航迹的运动特征，从中可以看出它由最大升力系数 $C_{L\max}$、飞行器翼载 m/S_w 和最大滚转角 $\mu_{\max}$ 共同确定。本段飞行航迹控制变量的特征可以简单地表示为

$$\mu_{c2} = \mu_{\max} \tag{5.50}$$

$$C_{Lc2} = C_{L\max} \tag{5.51}$$

当飞行器的航向角转过 180° 后，飞行器转入下一段航迹的飞行。

第三段：顺风下降段。

顺风下降段是一个动态滑翔周期中的第二个能量获取阶段。在本阶段飞行器的重力势能将转化为动能，因此飞行的空速会很快变大。与第一段航迹类似，可认为本段航迹是与第一段航迹相对称的一条顺风下降的直线段，因此其控制变量的特征可表示为如下形式：

$$\mu_{c3} = 0 \tag{5.52}$$

$$C_{Lc3} = \begin{cases} C_{L\min}, & V \geqslant V_{\max} \\[2mm] \dfrac{2mg}{\rho S_w V^2}, & V_{\min} \leqslant V < V_{\max} \\[2mm] C_{L\max}, & V < V_{\min} \end{cases} \tag{5.53}$$

当飞行器的空速达到最大值 $V_{\max}$ 或是达到飞行所允许飞行的最低高度 $h_{\min}$ 时，飞行器转入下一阶段的飞行航迹。

第四段：低空转弯段。

由于在第三段中飞行器的势能都转为了动能，因此在该阶段，飞行器的空速很大，相比高空转弯段而言，低空转弯段所消耗的能量要多。与高空转弯段类似，本段也可以视为一段圆弧，飞行器在航迹上所消耗的能量同样也可以表示为圆弧的长度，因此，圆弧的弧长越短，飞行器所消耗的能量也就越少。

飞行器在该阶段的受力如图 5-7 所示，从图中可以看出由于升力与飞行平面基本平行，最大滚转角 $\mu_{\max}$ 并没有对飞行航迹进行约束。

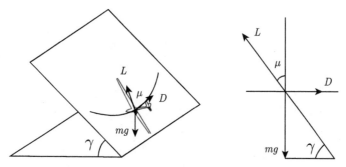

图 5-7　动态滑翔低空转弯段受力示意图

飞行器所受的最大过载为 $n_{\max}$，则飞行器所受的最大向心力可表示为

$$F_{C\max} = (n_{\max} - \cos\gamma)\, mg = \frac{mV_{\max}^2}{R_{\mathrm{LA}}} \tag{5.54}$$

对上式进行整理得

$$R_{\mathrm{LA}} = \frac{V_{\max}^2}{(n_{\max} - \cos\gamma)\, g} \tag{5.55}$$

即低空转弯段的航迹特征由飞行器最大过载 $n_{\max}$、飞行器所允许的最大速度 $V_{\max}$ 以及航迹平面的滚转角 (其值近似为 μ) 共同确定。

由此可得，本段航迹控制变量的特征可以用如下公式表示：

$$\mu_{c4} = \arccos\left(1/n_{\max}\right) \tag{5.56}$$

$$C_{Lc4} = C_{L\min} \tag{5.57}$$

当飞行器的航向角再次转过 180° 后，飞行器转入第一阶段的飞行航迹。

5.3.3　基于特征运动的动态滑翔

1. 基于特征的动态滑翔航迹设计方法

通过以上的讨论，假设飞行器参数和风场条件参数已知，同时飞行器也装备有必要的传感器，比如空速计、陀螺仪、惯性导航器件等，可以实时感知飞行器的位置、空速、航向角等信息，则可以按照如下步骤设计基于特征的动态滑翔航迹。

步骤 1：利用方程 (5.24) 确定飞行器在梯度风中的最大动态滑翔参数，如果最大动态滑翔参数大于 1，则飞行器有可能在梯度风中进行无动力滑翔；否则飞行器就必须进行带动力飞行，本章不做关于这部分内容的讨论。

步骤 2：如果飞行器能够进行无动力动态滑翔，则飞行器首先开始逆风爬升段的飞行。在该阶段，飞行器的控制变量以方程 (5.45) 和 (5.46) 为参照。当飞行器的空速值达到预先设定的 V_{min} 后，飞行器转入下一阶段的飞行。

步骤 3：在高空转弯段，航迹的半径由方程 (5.49) 确定，飞行器控制变量的变化参照方程 (5.50) 和 (5.51)。当飞行器的航向角转过 180° 后，也就是改变飞行方向后，飞行器转入下一阶段的飞行。

步骤 4：在顺风下降段，飞行器控制变量的变化参照方程 (5.52) 和 (5.53)，当测量到飞行器的空速达到预先设定的最大空速 V_{max} 或是所允许的最低高度 h_{min} 后，飞行器转入下一阶段的飞行。

步骤 5：在低空转弯段，飞行航迹的半径由方程 (5.55) 确定，飞行器控制变量的变化参照方程 (5.56) 和 (5.57)。当飞行器的航向角再次转过 180° 后，飞行器转入逆风爬升阶段的飞行。

2. 数值仿真分析

按照 5.3.3 节 1. 基于特征的动态滑翔航迹设计方法的步骤，以表 5-1 和表 5-2 中的参数为例，图 5-8 和图 5-9 比较了基于特征的动态滑翔航迹和数值最优航迹在控制变量 C_L 和 μ 上的差别。从图 5-8 中可以看出，最优航迹的控制变量具有明显的分段特征：当飞行器进入高空转弯段，最优航迹的升力系数达到最大值，然

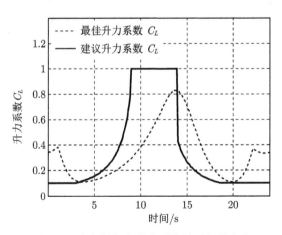

图 5-8 动态滑翔中升力系数随时间的变化

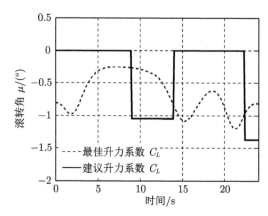

图 5-9　动态滑翔中滚转角随时间的变化

后在顺风下降段开始逐渐变小，而 5.3.2 节所设计的升力系数 C_L 变化规律体现了这一趋势。图 5-9 显示，所设计的滚转角 μ 的变化规律也体现了最优滚转角的变化趋势。

　　基于特征的动态滑翔航迹和数值最优航迹在空速 V、航迹角 γ、航向角 Ψ 上的差别分别如图 5-10～ 图 5-12 所示。

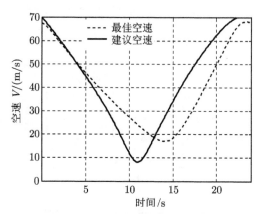

图 5-10　空速随时间的变化关系

　　从图 5-10～ 图 5-12 可以看出，基于特征的动态滑翔航迹的状态变量与最优航迹的状态变量具有相同的变化趋势，可以体现最优航迹状态变量的变化特征。采用 5.3.3 节 1. 基于特征的动态滑翔航迹设计方法所提出的航迹设计方法而得到的动态滑翔航迹与最优动态滑翔航迹之间的比较见图 5-13，从图中可以看出，由于基于特征的动态滑翔航迹方法只是一种近似方法，所以其所得到的航迹起始点和终点并不重合，其在一个动态滑翔周期内所获得的能量也比最优动态滑翔航迹所获得的能量要少。但是，采用这种近似方法得到的航迹可以体现最优动态滑翔航迹的特征，在飞行器的工程应用中也更容易实现。

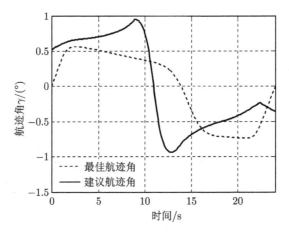

图 5-11　航迹角随时间的变化关系

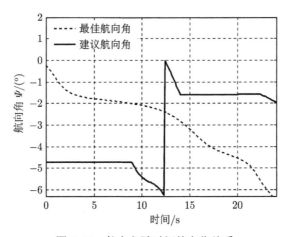

图 5-12　航向角随时间的变化关系

采用数值解法和基于特征的描述方法生成动态滑翔航迹所需时间的比较见表 5-4。从该表可以看出即使是在 Intel®Core™, i3-2100 UP@3.10GHz 的个人计算机上，采用数值方法生成动态滑翔航迹也需要大约 15s 的时间。而从图 5-8和图 5-9 中可以看出，一个典型的动态滑翔航迹的时间周期也就在 20s 左右，这就使得数值解法在飞行器上实时生成动态滑翔航迹几乎不可能实现。而采用基于特征描述的方法生成动态滑翔航迹只需要大约 0.0021s (采用 Matlab 命令 tic 和toc 来计算生成航迹的时间)。由此可以看出，采用基于特征的描述方法可以极大地减少生成动态滑翔航迹的时间，从而使得在小型无人飞行器机载自驾仪上实现动态滑翔飞行成为可能。

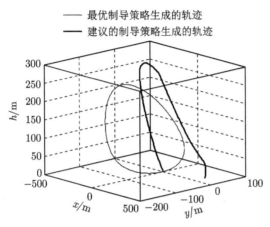

图 5-13 动态滑翔航迹比较

表 5-4 数值解法和基于特征的描述方法生成动态滑翔航迹所需时间的比较

	基于高斯伪谱的航迹生成方法	本书提出的航迹生成方法
所需时间	15.0049s	0.0021s

5.4 本章小结

本章对梯度风动态滑翔运动特征进行了分析，在建立梯度风模型和动态滑翔动力学方程的基础上，对动态滑翔解的最优性条件进行了讨论。基于数值解得到的最优动态滑翔航迹，对动态滑翔进行了分段，并对每一段的特征进行了描述，最后对数值解法和基于特征的描述方法生成的动态滑翔航迹两者之间进行了比较。本章结论如下。

(1) 动态滑翔参数可用于描述环境参数和飞行器参数对动态滑翔性能的影响，它由梯度风强度、飞行器升阻比、飞行器当前空速、航迹角和航向角等参数组成。如果动态滑翔参数大于 1，说明飞行器能够进行无动力动态滑翔，反之则不能。

(2) 最优动态滑翔航迹的航向角和航迹角具有明显的分段特征，可用于对最优动态滑翔航迹进行分段。按照飞行器所处的不同状态，可以将最优动态滑翔航迹分为逆风爬升、高空转弯、顺风下降、低空转弯四个阶段。可以采用几个简单的方程对每一阶段的运动特征进行描述。

(3) 数值仿真结果显示，基于特征的描述方法所生成的动态滑翔航迹可以体现最优动态滑翔航迹的变化趋势。虽然其在一个动态滑翔周期内初始位置和终端位置并不相同，其所获取能量的效率也不如最优动态滑翔航迹，但是由于基于特征的描述方法生成动态滑翔航迹的时间短，便于在机载自驾仪上实现，因此更易于工程应用。下一步的工作是如何使这种基于特征的方法所描述的动态滑翔航迹更接近于最优动态滑翔航迹。

第 6 章 梯度风动态滑翔能量提取基础问题研究

6.1 引 言

目前,以小型无人机飞行器为代表的航空技术取得了快速发展。然而,受机载能量的限制,无人机飞行器的航时、航程和执行任务的能力都受到极大的制约。为了提高飞行器的航时,开发和使用太阳能已成为提高飞行器航时的主要手段。但是使用太阳能实现跨昼夜长航时飞行需要飞行器携带大量储能电池,这对飞行器的载重能力和结构都提出了极高的要求。除了太阳能,运动动态滑翔的飞行方式,海平面和陆地上某些地区广泛存在的梯度风也可以为无人机飞行器提供能量。这种能量获取方式没有昼夜时间上的限制,具有巨大的开发潜力。

本章以梯度风动态滑翔在无人飞行器长航时飞行中的应用为背景,首先系统分析了不同动态滑翔类型下,无人飞行器从梯度风中提取能量的效率问题。然后,针对实际应用中,无人飞行器并不知道梯度风在空间上的分布类型和强度这一特点,研究了飞行器飞行过程中实时梯度风场估计的问题。最后,针对太阳能飞行器的高空长航飞行特点,根据实测从海平面到 30km 高度的风场数据,分析了梯度风对高空长航时飞行的影响。

6.2 不同动态滑翔类型能量获取效率研究

采用动态滑翔的方式进行长航时飞行,飞行器必须不断地从梯度风中获取能量,即需要飞行器在每个动态滑翔周期内的能量增加。目前,大部分学者的研究工作集中于能量中性 (energy-neutral) 动态滑翔航迹的特点 [62,75,241,248]。所谓能量中性轨迹即飞行器经过一个动态滑翔周期后能量不变的轨迹,这与实际应用中的情况有所差别,并且不能完整地描述动态滑翔航迹的类型和特点。本节从一个新的角度对动态滑翔航迹进行研究:将梯度风视为飞行器进行飞行的动力源,飞行器通过动态滑翔的方式不断从梯度风中获取能量,将整个过程视为一个能量转换过程,然后从能源转化的角度对动态滑翔问题进行研究。在这种情况下,动态滑翔航迹将不再是中性轨迹,而是根据梯度风的强度不断发生变化,而且在不同的目标函数和边界条件约束下,动态滑翔航迹的类型也不相同。本节将对不同动态滑翔类型的能量获取效率进行讨论和研究。

6.2.1　目标函数和边界条件

1. 目标函数

在一个动态滑翔周期内，飞行器的能量变化有两种表现形式：一种是动能的变化，这表现在空速的变化上；另一种是重力势能的变化，这表现在高度的变化上。因此，动态滑翔的目标函数可以表示为如下两种形式，一种是以一个动态滑翔周期内高度增加值的最大化作为目标，即

$$\max J_h = h_f - h_0 \tag{6.1}$$

另一种是以一个动态滑翔周期内空速增加值的最大化作为目标，即

$$\max J_V = V_f - V_0 \tag{6.2}$$

其中，h_0、h_f 和 V_0、V_f 分别代表飞行器在一个动态滑翔周期内的初始高度、终端高度和初始速度、终端速度。

2. 边界条件

如第 5 章所讨论，对于能量中性轨迹，在一个周期内根据边界条件的不同，可以将动态滑翔的轨迹分为弯曲形和椭圆形两类[62]。与能量中性轨迹类似，本章所讨论的轨迹也可以分为弯曲形和椭圆形两类。假设飞行器动态滑翔的初始边界条件如下：

$$\begin{aligned}
V(t_0) &= V_0 \\
\Psi(t_0) &= \Psi_0 \\
\gamma(t_0) &= \gamma_0 \\
h(t_0) &= h_0 \\
x(t_0) &= x_0 \\
y(t_0) &= y_0
\end{aligned} \tag{6.3}$$

对于弯曲形航迹，以高度增加值最大化为目标函数的航迹而言，相应的终端边界条件可表示如下：

$$\begin{aligned}
V(t_f) &= V_0 \\
\Psi(t_f) &= \Psi_0 \\
\gamma(t_f) &= \gamma_0
\end{aligned} \tag{6.4}$$

同样，对于弯曲形航迹，以速度增加值最大化为目标函数的航迹，其相应的

终端边界条件可表示为

$$\Psi\left(t_f\right) = \Psi_0$$
$$\gamma\left(t_f\right) = \gamma_0 \qquad\qquad (6.5)$$
$$h\left(t_f\right) = h_0$$

对于椭圆形航迹, 以高度增加值最大化为目标函数的航迹而言, 相应的终端边界条件可表示为

$$V\left(t_f\right) = V_0$$
$$\Psi\left(t_f\right) = \Psi_0$$
$$\gamma\left(t_f\right) = \gamma_0 \qquad\qquad (6.6)$$
$$x\left(t_f\right) = x_0$$
$$y\left(t_f\right) = y_0$$

同样, 对于椭圆形航迹, 以速度增加值最大化为目标函数的航迹, 其相应的终端边界条件可表示为

$$\Psi\left(t_f\right) = \Psi_0$$
$$\gamma\left(t_f\right) = \gamma_0$$
$$h\left(t_f\right) = h_0 \qquad\qquad (6.7)$$
$$x\left(t_f\right) = x_0$$
$$y\left(t_f\right) = y_0$$

公式 (6.4)~(6.7) 便是四种终端边界条件所定义的四种不同动态滑翔类型。与第 5 章类似, 动态滑翔过程中, 控制变量依然要受到如下约束:

$$C_{L\min} \leqslant C_L \leqslant C_{L\max}$$
$$\mu_{\min} \leqslant \mu \leqslant \mu_{\max} \qquad\qquad (6.8)$$
$$n = \frac{L}{mg} \leqslant n_{\max}$$

而状态变量也需要受到边界值的约束, 即

$$V_{\min} \leqslant V \leqslant V_{\max}$$
$$\gamma_{\min} \leqslant \gamma \leqslant \gamma_{\max} \qquad\qquad (6.9)$$
$$h \geqslant 0$$

由此, 飞行器从梯度风中获取能量的问题就转化成了如何优化控制变量升力系数 C_L 和滚转角 μ, 使得在满足边界条件 (6.3)、(6.4) 或 (6.6) 的条件下, 目

标函数 (6.1) 取最大值，或是在满足边界条件 (6.3)、(6.5) 或 (6.7) 的条件下，使目标函数 (6.2) 取最大值，同时满足动力学方程约束 (5.4)～(5.9)、控制变量约束 (6.8) 和状态变量约束 (6.9)。

6.2.2　不同动态滑翔类型航迹仿真

1. 弯曲形航迹

本节首先对不同目标函数条件下的弯曲形航迹进行仿真。假设飞行器为小型无人飞行器，其主要参数如表 6-1 所示。环境风场为线性梯度风场，风场强度为 0.15s^{-1}。经过一个动态滑翔周期后，以增加的高度最大为目标的弯曲形航迹由目标函数 (6.1) 定义，边界条件为 (6.3) 和 (6.4)。为了描述方便，本节将其称为类型 1，如图 6-1 黑线所示。而以增加的速度最大为目标的弯曲形航迹则由目标函数 (6.2) 定义，边界条件为 (6.3) 和 (6.5)，本节称该类型的动态滑翔航迹为类型 2，如图 6-1 中红线所示。

表 6-1　小型无人飞行器参数表

参数符号	参数含义	值	单位
m	质量	8.5	kg
S_w	翼面积	0.65	m^2
b	翼展	3.44	m
C_{D0}	气动拟合参数	0.033	——
k	气动拟合参数	0.019	——

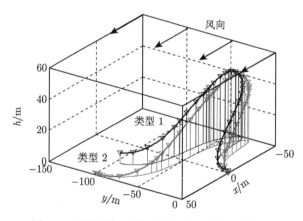

图 6-1　不同目标函数下的弯曲形动态滑翔航迹

从图 6-1 中可以看出，对于类型 1，飞行器的终端高度大于飞行器的初始高度，这说明飞行器在给定的梯度风场强度下，不但可以维持无动力飞行，而且还有能量富余，多余的能量表现在终端高度的增加上。对于类型 2，从图中可以看出，飞行器的初始高度和终端高度相同，但飞行航迹的长度比类型 1 要长。从该图中还看不出速度的变化情况，为此，将飞行器飞行过程中状态变量和控制变量随时间的变化绘于图 6-2。

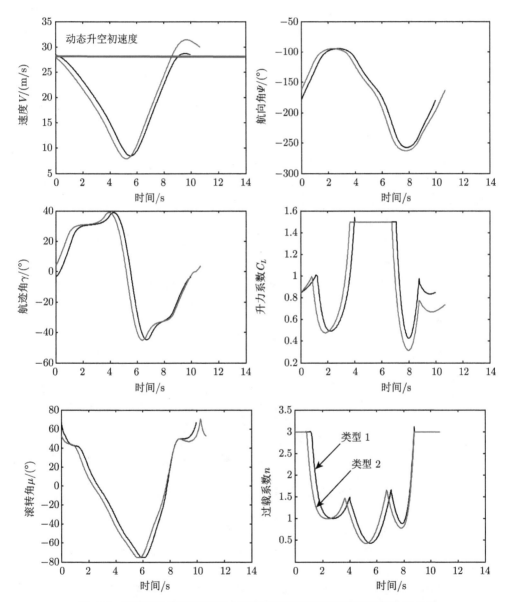

图 6-2 弯曲形动态滑翔过程中状态变量和控制变量随时间的变化关系

从图 6-2 中的速度图可以看出，类型 1 中，初始速度和终端速度相同，而对于类型 2，终端速度大于初始速度，这说明，在给定的梯度风场条件下，飞行器也可以将从梯度风中获取的多余能量转化为动能的方式进行存储。图 6-2 中航向角、航迹角、升力系数、滚转角和过载系数随时间变化的曲线显示，两种类型的动态滑翔航迹曲线在状态变量和控制变量的变化程度上的差别并不明显，总体来看，类型 2 的控制变量相比类型 1 的控制变量有一个小的延时 (相差大约 0.5s)，而对于类型 2，一个动态滑翔周期的时间比类型 1 要长大约 1s。这说明类型 2 获取能量的效率比类型 1 要高。

2. 椭圆形航迹

以增加的高度最大为目标的椭圆形航迹由目标函数 (6.1) 定义，边界条件为 (6.3) 和 (6.6)。本节将该类型航迹称为类型 3，如图 6-3 黑线所示。而以增加的速度最大为目标的椭圆形航迹则由目标函数 (6.2) 定义，边界条件为 (6.3) 和 (6.7)，该类型的动态滑翔航迹称为类型 4，如图 6-3 中红线所示。

从图 6-3 中可以看出，在给定的梯度风场条件下，两种航迹都具有近似同一平面上的椭圆形状，并且，该平面朝梯度风来流方向倾斜。类型 3 的终端高度大于初始高度，即从梯度风中获取的富余能量体现在了高度的变化上，而类型 4 的终端高度与初始高度相一致。从图中也可以看出，类型 3 中椭圆形航迹的航程明显大于类型 4，这与图 6-1 中类型 1 的航程小于类型 2 有所区别。

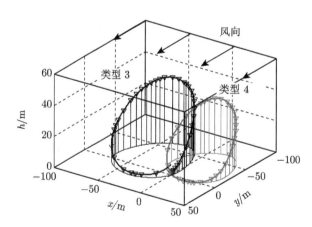

图 6-3　不同目标函数下的椭圆形动态滑翔航迹

对于椭圆形航迹，飞行器飞行过程中状态变量和控制变量随时间的变化如图 6-4 所示。

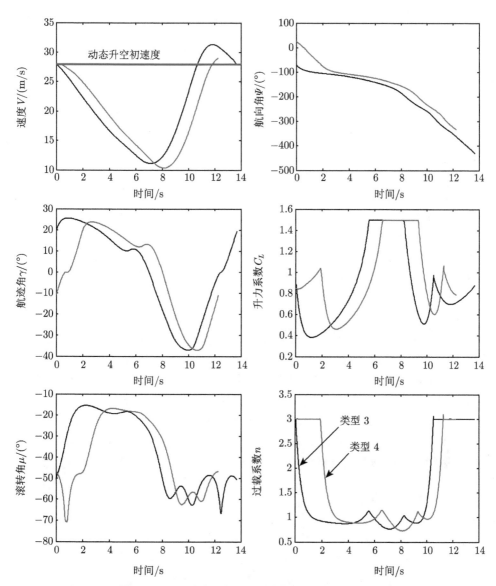

图 6-4 椭圆形动态滑翔过程中状态变量和控制变量随时间的变化关系

从图 6-4 中可以看出类型 3 中，初始速度和终端速度相同，而对于类型 4，终端速度大于初始速度，这说明，在给定的梯度风场条件下，飞行器从梯度风中获取的多余能量体现在动能的增加上。图 6-4 中航向角、航迹角、升力系数、滚转角和过载系数随时间变化的曲线显示，两种类型的动态滑翔航迹曲线，在状态变量和控制变量的变化程度上的差别并不明显，但是与图 6-2 中相反，类型 4 的控制变量相比类型 3 的控制变量有一个小的超前 (相差大约 1s)，而对于类型 4，一个动态滑翔周期的时间比类型 3 要短大约 2s。这说明类型 3 获取能量的效率比类型 4 高。

比较图 6-2 和图 6-4 还可以看出，从类型 1 到类型 4，一个动态滑翔周期的时间分别为 9.98s、10.68s、13.69s 和 12.27s，整体来看，在相同参数条件下，椭圆形动态滑翔航迹的时间比弯曲形要长。

6.2.3　关于动态滑翔能量获取效率的讨论

1. 总能量的计算

当飞行器在梯度风中飞行时，其空速值与地速值是不相同的，与气动力相关的量是空速值而不是地速值[17]。因此，飞行器在飞行过程中的总能量计算公式可表示成如下形式：

$$E_{\text{tot}} = E_K + E_H = \frac{1}{2}mV^2 + mgh \tag{6.10}$$

其中，E_{tot} 是飞行器总能量，E_K 是动能，E_H 是重力势能。同时需要注意，这里 V 代表空速，而不是地速。

不同动态滑翔航迹条件下，总能量随时间的变化关系如图 6-5 所示。从图中可以看出，四种动态滑翔类型总能量的变化趋势基本相同，都可以大致分为逆风爬升、高空转弯、顺风下降和低空转弯四个部分，并且可以直观地看出，在逆风爬升段和顺风下降段，飞行器总能量有显著的增加，在高空转弯段能量有少许下降，而在低空转弯段，飞行器总能量下降得非常明显。这也印证了第 5 章对动态滑翔不同阶段进行特征分析时所得到的结论。从图中还可以看出，虽然四种类型的动态滑翔航迹的初始能量都相同，但是经过一个动态滑翔周期后，类型 2 所获

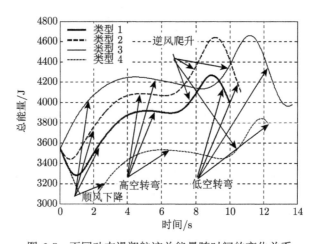

图 6-5　不同动态滑翔航迹总能量随时间的变化关系

得的能量最多，而类型 4 所获得的能量最少，也就是说，不同的动态滑翔类型所对应的能量获取效率并不相同，对于该问题，将在下一小节进行详细讨论。

2. 功率分析

一个动态滑翔周期内，飞行器从梯度风中获取能量的功率可以定义为单位时间内飞行器终端状态与初始状态总能量值的差别。其计算方法可以表示如下：

$$
\begin{aligned}
P_{\mathrm{DS}} &= \frac{\Delta E}{\Delta t} = \frac{\left(\frac{1}{2}mV_f^2 + mgh_f\right) - \left(\frac{1}{2}mV_0^2 + mgh_0\right)}{t_f - t_0} \\
&= m\frac{\frac{1}{2}\left(V_f^2 - V_0^2\right) + g\left(h_f - h_0\right)}{t_f - t_0}
\end{aligned}
\tag{6.11}
$$

则飞行器在不同动态滑翔类型的航迹下，能量获取功率 P_{DS} 的值如图 6-6 所示。

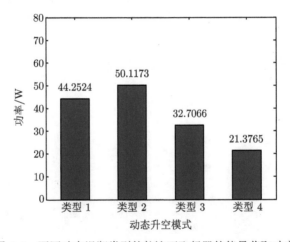

图 6-6　不同动态滑翔类型的航迹下飞行器的能量获取功率

从图 6-6 中可以看出，类型 2 的能量获取功率要高于类型 1，也就是说对于弯曲形动态滑翔航迹，将从梯度风中获取的富余能量存储在动能中比存储在重力势能中要更有利，因为前者能够在单位时间内获取更多的净能量。然而，对于椭圆形动态滑翔航迹，类型 4 的能量获取效率要低于类型 3，此时，将从梯度风中获取的富余能量存储在重力势能中比存储在动能中更有利。从图中也可以看出，无论将富余能量存储在动能还是重力势能中，弯曲形动态滑翔航迹的能量获取效率都要高于椭圆形动态滑翔航迹。这个结果也对信天翁在长航时飞行中总是采用弯曲形动态滑翔航迹，而很少采用椭圆形动态滑翔航迹的现象 [249,250]，从能量获取功率角度给出了解释。

3. 效率分析

动态滑翔过程可以视为能量获取过程，而在能量获取的过程中不可避免地有飞行器阻力对能量的消耗，因此动态滑翔过程中必然存在能量获取效率的问题。假设将动态滑翔能量获取效率定义为一个动态滑翔周期内总能量的变化量与阻力消耗的总能量的比值，则动态滑翔能量获取效率可以按如下公式进行计算：

$$\eta_{\mathrm{DS}} = \frac{\Delta E}{E_{\mathrm{drag}}} = \frac{\left(\frac{1}{2}mV_f^2 + mgh_f\right) - \left(\frac{1}{2}mV_0^2 + mgh_0\right)}{\displaystyle\int_{t_0}^{t_f} DV\mathrm{d}t} \tag{6.12}$$

从公式 (6.12) 中的定义可以看出，当动态滑翔能量获取效率 $\eta_{\mathrm{DS}} > 0$ 时，飞行器可以从梯度风中获取额外的能量；而当 $\eta_{\mathrm{DS}} < 0$ 时，飞行器则无法通过动态滑翔实现无动力长航时飞行；当 $\eta_{\mathrm{DS}} = 0$ 时，飞行器从梯度风中获取的能量与阻力所消耗的能量相等，此时飞行的动态滑翔航迹即所谓的能量中性航迹。

为了对飞行器从梯度风中获取能量的过程进行合理的解释，Richardson[17,251,252] 和 Bower[248] 通过引入 "阶跃梯度风" 和 "Rayleigh 环" 的概念，使飞行的动态滑翔过程变成一个在有风层和无风层之间进行的圆周运动，如图 6-7 所示。

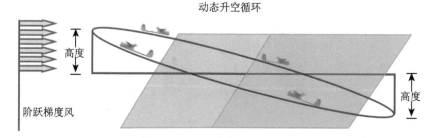

动态升空循环

图 6-7　"阶跃梯度风" 中进行的 "Rayleigh 环" 动态滑翔

从图 6-7 中可以看出，"阶跃梯度风" 就是包含两个风层的风场，下层的风速为零，上层是风速为 ΔV_{wind} 的均匀风层。而 "Rayleigh 环" 动态滑翔则是指飞行器的航迹为一个圆周，该圆周一半在零风层中，一半在均匀风层中，飞行器在零风层和均匀风层之间的高度变化为无穷小 (为了易于理解，图 6-7 中放大了高度上的变化)。按照这种假设，飞行器的运动可视为以匀速 V，滚转角 μ，在半径为 R 的圆周上的运动 [248]。

按照此假设，飞行器在圆周上运动时的向心力 F_{cen} 为

$$F_{\mathrm{cen}} = L\sin\mu \tag{6.13}$$

则圆周运动的半径为

$$R = \frac{mV^2}{L\sin\mu} \tag{6.14}$$

同时，飞行器在圆周上稳定地运动还需要升力等于重力，即

$$L\cos\mu = mg \Rightarrow m = \frac{L\cos\mu}{g} \tag{6.15}$$

将式 (6.15) 代入式 (6.14) 得

$$R = \frac{mV^2}{L\sin\mu} = \frac{V^2}{g\tan\mu} \tag{6.16}$$

飞行器在该圆弧上飞行一周所需时间为

$$\Delta t = \frac{2\pi V}{g\tan\mu} \tag{6.17}$$

由此可知，飞行器在圆弧上飞行一周，阻力所消耗的能量为

$$E_{\text{drag}} = DV\Delta t = \frac{2\pi DV^2}{g\tan\mu} \tag{6.18}$$

而飞行器在阶跃梯度风中飞行 180° 所获得的能量为

$$E_{\text{gain}} = 2mV\Delta V_{\text{wind}} \tag{6.19}$$

按照式 (6.12) 的定义可得

$$\eta_{\text{DS}} = \frac{\Delta E}{E_{\text{drag}}} = \frac{E_{\text{gain}} - E_{\text{drag}}}{E_{\text{drag}}} = \frac{E_{\text{gain}}}{E_{\text{drag}}} - 1 \tag{6.20}$$

将式 (6.15)、(6.18)、(6.19) 代入式 (6.20) 可得

$$\eta_{\text{DS}} = \frac{E_{\text{gain}}}{E_{\text{drag}}} - 1 = \frac{2mV\Delta V_{\text{wind}}}{\dfrac{2\pi DV^2}{g\tan\mu}} - 1 = \frac{1}{\pi}\frac{C_L}{C_D}\frac{\Delta V_{\text{wind}}}{V}\sin\mu - 1 \tag{6.21}$$

式 (6.21) 即为 "阶跃梯度风" 假设下，飞行以 "Rayleigh 环" 进行动态滑翔飞行时的能量获取效率。从中可以看出，动态滑翔的能量获取效率主要与飞行器升阻比 C_L/C_D、梯度风强度 ΔV_{wind} 与飞行器当前空速 V 的比值 $\Delta V_{\text{wind}}/V$ 以及飞行滚转角 μ 有关。该结论与 Lissaman 等 [156] 对动态滑翔能量获取效率的分析是一致的。

由于飞行器从梯度风中获取能量的过程依赖飞行器所飞行的航迹，而动态滑翔的航迹通常是通过数值方法进行解算的，因此对动态滑翔过程进行理论分析并不是一件容易的事情。但是通过数值方法分别计算飞行器在一个动态滑翔周期内，在飞行航迹上阻力所消耗的能量以及终端状态和初始状态之间能量的差值，然后按照公式 (6.12) 的定义计算不同类型的动态滑翔航迹的能量获取效率，计算结果如图 6-8 所示。

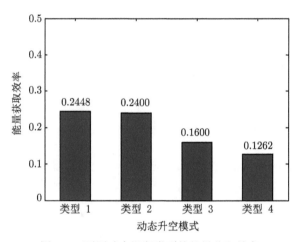

图 6-8   不同动态滑翔类型的能量获取效率

从图 6-8 中可以看出，类型 1 和类型 2 的能量获取效率基本上相等，并且都比类型 3 和类型 4 的能量获取效率要高。尽管类型 4 的能量获取效率是所有动态滑翔模式中最低的，但是由于该类型的动态滑翔具有飞行空域固定的优势，因此对于遥控的高速动态滑翔飞行来说，这是最适合的无动力动态滑翔类型。

6.3   梯度风场估计方法研究

如 6.2 节所讨论的，飞行器通过动态滑翔的方式从梯度风中获取能量，可以实现无动力飞行，增长飞行器的长航时能力。对于动态滑翔而言，梯度风的存在是必不可少的条件，梯度风的强度对动态滑翔的性能也有直接影响。因此对于飞行器的机载自驾仪来说，自动实时感知周围的风场强度和类型对飞行器选取合适的飞行方式至关重要。为了达到此目的，许多学者对飞行器在线风场估计方法进行了研究。Lawrance 等 [80,93,94] 提出一种基于高斯过程回归 (Gaussian process regression) 的方法，对风场信息进行实时估计。Langelaan 等 [88,92] 采用对风场进行参数化建模的方法，简化风场估计过程，然后用线性 Kalman 滤波方法对风场参数化进行估计。本节从一个新的角度对梯度风场进行实时感知：将梯度风参数视为飞行器动力学模型中的未知参数；然后，将对梯度风强度进行估计的问题转化为对动力学模型中未知参数进行估计的问题；接着，针对具有高斯特性的非线性动力学模型，采用增广粒子滤波方法，对其中的未知参数进行估计，仿真结果显示，本节所提的增广粒子滤波框架可以有效地实时估计出风场的强度参数，比常用的扩展 Kalman 滤波方法具有更高的精度、可靠性和稳定性。

6.3.1 问题描述

从第 5 章公式 (5.4)~(5.9) 中可以看出，如果将梯度风对飞行器的影响视为一个虚拟力，则该虚拟力表现在动力学方程上就是额外的力。由于虚拟力的大小与风强度参数直接相关，因此，梯度风强度参数可以通过飞行器上安装的传感器 (比如空速传感器、INS、GPS 等) 来进行估计。事实上，如果将飞行器以及安装其上的所有传感器视为一个系统，该系统不仅可以视为一个观测梯度风强度的传感器，还适宜用于气象环境的观测 [87]。

本节中，第 5 章动力学方程 (5.4)~(5.9) 可表示为如下形式的常微分方程的形式：

$$\dot{x}(t) = f[x(t), u(t), t] + w(t) \tag{6.22}$$

其中，矢量 f 是状态量 x、控制量 u 和时间 t 的函数，w 是动态学方程的传递误差。方程 (6.22) 的离散形式可以表示如下：

$$x_k = x_{k-1} + \Delta T(f[x_{k-1}, u_{k-1}, k-1] + w_{k-1}) \tag{6.23}$$

其中 ΔT 为离散的时间点，各离散时刻的状态变量定义如下：

$$x_k = \begin{bmatrix} V_k & \Psi_k & \gamma_k & h_k & x_k & y_k \end{bmatrix}^{\mathrm{T}} \tag{6.24}$$

各离散时刻的控制变量定义如下：

$$u_k = \begin{bmatrix} C_{Lk} & \mu_k \end{bmatrix}^{\mathrm{T}} \tag{6.25}$$

动力学方程的传递误差 w 假设为零均值高斯随机噪声，即 w 满足以下条件：

$$E[w_k] = 0 \tag{6.26}$$

$$E[w_k w_j^{\mathrm{T}}] = Q\delta(k-j) \tag{6.27}$$

方程 (6.26) 和 (6.27) 中的 E 代表对变量取均值；Q 是噪声 w 的谱密度矩阵；δ 是 Dirac 函数，当 $k = j$ 时该函数为 1，其余值时为 0。

假设状态变量初始值的均值和方差可分别表示如下：

$$E(x_0) = \hat{x}_0 \tag{6.28}$$

$$E\left[(x_0 - \hat{x}_0)(x_0 - \hat{x}_0)^{\mathrm{T}}\right] = P_0 \tag{6.29}$$

飞行器可以测得的相关状态变量为：空速 V 和惯性坐标系下的位置矢量 $P_{\mathrm{aircraft}} = [x,\ y,\ h]$。其中空速 V 可以由空速计测量，惯性坐标系下的位置矢量 P_{aircraft} 可以由机载 INS 或是 GPS 测量。实际应用中的观测方程都是离散形式的，观测方程可以写成如下形式：

$$z_k = h\left[x_k\right] + n_k \tag{6.30}$$

其中

$$h\left[x_k\right] = \left[\begin{array}{cccc} V_k & x_k & y_k & h_k \end{array}\right]^{\mathrm{T}} \tag{6.31}$$

观测噪声 n 为零均值高斯随机白噪声，即

$$E\left(n_k\right) = 0 \tag{6.32}$$

$$E\left(n_k n_k^{\mathrm{T}}\right) = R_k \tag{6.33}$$

$$E\left[w\left(t\right) n_k^{\mathrm{T}}\right] = 0 \tag{6.34}$$

其中 R_k 是观测噪声的谱密度矩阵。对于给定的动力学方程 (6.22) 和观测方程 (6.30)，估计梯度风强度的问题可以归纳为在给定系统新观测值 z_k 后估计出系统状态量和梯度风强度参数 p 的问题。

6.3.2　增广粒子滤波参数估计方法

1. 粒子滤波方法简介

为解决 6.3.1 节中所归纳的估计非线性模型中参数的问题，需要采用可以处理观测值以计算模型中状态变量和参数的最小误差估计值的方法。对于非线性的动力学系统，EKF 是一种常用的方法，该方法通过线性化的方法对非线性动力学模型进行处理[95]。但是，近年来的研究结果表明，该方法在处理严重非线性问题时的表现往往令人不满意，并且经常出现不稳定的估计值[96-98,253]。为了解决该问题，一种基于贝叶斯理论的实时估计算法被开发出来，该方法被称为粒子滤波 (PF) 方法。PF 方法的基本思想是在给定观测值的条件下，通过重建变量概率密度函数的方式来对变量值进行估计。具体来讲，PF 利用一组加权的粒子点来代表变量的后验概率密度函数[254]，特别的，当 PF 具有无穷多的粒子数时，从理论上讲该方法在给定观测值后可以完全重建变量的后验概率密度函数，并可以对任意非线性和非高斯噪声的动力学系统进行状态估计[99]。PF 方法现已广泛应用于航空工程、金融数学、环境数据处理、物理科学等领域[100-103]。

本节利用 PF 方法对非线性动力学模型中的梯度风强度参数进行估计。PF 方法利用一组粒子 x_k^i，以及一组对应的权值 $\omega_k^i \geqslant 0$，且 $\sum\limits_{i=1}^{N} \omega_k^i = 1$ 代表状态变量 x_k 的后验概率密度函数，即

$$\hat{p}(x_k \,|z_{1:k}) = \sum_{i=1}^{N} \omega_k^i \delta (x_k - x_k^i) \tag{6.35}$$

其中 N 代表粒子个数。每个粒子点的权重 ω 定义如下：

$$\omega_k^i \propto \omega_{k-1}^i \frac{p(z_k |x_k^i) p(x_k^i |x_{k-1}^i)}{q(x_k^i |x_{k-1}^i, z_k)} \tag{6.36}$$

其中 $q(x_k^i |x_{k-1}^i, z_k)$ 为后验概率密度函数，在 PF 中通常称为重要性函数。$q(x_k^i |x_{k-1}^i, z_k)$ 的选取对 PF 的性能有直接影响。从理论上讲重要性函数应该与真实的后验概率密度函数相一致，即

$$q(x_k^i |x_{k-1}^i, z_k) = \hat{p}(x_k |z_{1:k}) \tag{6.37}$$

但是，通常真实的后验概率密度函数是不知道的，对于重要性函数的选取将在下一节讨论。

若得到方程 (6.35) 表示的后验概率密度函数，则状态变量的估计值 $\hat{x}_k$ 可以表示如下：

$$\hat{x}_k = \sum_{i=1}^{N} x_k^i \hat{p}(x_k |z_{1:k}) = \sum_{i=1}^{N} \omega_k^i x_k^i \tag{6.38}$$

2. 实施步骤

如公式 (6.37) 所示，待估值方差最小的重要性函数应与真实的后验概率密度函数一致，由于后者无法求取，因此通常选择重要性函数为转移概率密度函数[254]，即

$$q(x_k |x_{k-1}^i, z_k) = p(x_k |x_{k-1}^i) \tag{6.39}$$

进一步，如果假设过程噪声是加性零均值高斯白噪声，则变量的估计值可以通过系统模型进行传播，即

$$x_k^i \sim N\left(f(x_{k-1}^i, u_{k-1}), Q_{k-1}\right) \tag{6.40}$$

将方程 (6.39) 代入方程 (6.36)，则新的观测量 z_k 可以与公式 (6.40) 中状态变量的传播估计值 x_k^i 通过粒子权重来更新变量的估计值，即

$$\omega_k^i \propto \omega_{k-1}^i p(z_k |x_k^i) \tag{6.41}$$

$$\hat{x}_k \approx \sum_{i=1}^{N} \omega_k^i x_k^i \tag{6.42}$$

从以上分析中可以看出，PF 中的粒子权重 ω 与 Kalman 滤波器中的增益值作用非常类似，只不过 Kalman 滤波器中增益值的传播，需要系统方程和观测方程的线性化，而 PF 中粒子权重不依赖线性化就可以传播。并且当获得新的观测信息时，PF 可以通过每一个粒子对观测进行利用，而 EKF 只能对观测信息利用一次，无疑，前者对新的观测信息的利用效率较后者要高。当然由此需要付出计算量方面的代价 [255]。

PF 对非线性模型状态变量进行估计的实施步骤可以总结如下。

步骤 1：初始化。

$k = 0$ 时刻，从先验概率密度函数 $p(x_0)$ 中生成初始化粒子群 $\{x_0^i\}_{i=1}^{N}$，并令 $\omega_0^i = 1/N, k = 1$。

步骤 2：重要性采样。

粒子群中的每一个点，通过系统模型进行传播，即在没有获得新的观测信息之前对状态变量的下一时刻值进行估计

$$\{x_k^i\}_{i=1}^{N} \sim N\left(f\left(x_{k-1}^i, u_{k-1}\right), Q_{k-1}\right) \tag{6.43}$$

步骤 3：加权。

当获得了新的观测值 z_k 时，首先通过观测系统模型计算由各个粒子点 x_k^i 获得的 z_k 的概率，即求取概率密度函数 $p\left(z_k | x_k^i\right)$

$$p\left(z_k | x_k^i\right) \sim N\left(h\left(x_k^i\right), n_k\right) \tag{6.44}$$

接着根据公式 (6.41) 对权值进行更新，然后对更新的权值进行归一化

$$\bar{\omega}_k^i = \omega_k^i \bigg/ \sum_{j=1}^{N} \omega_k^j \tag{6.45}$$

步骤 4：结果输出。

方程 (6.43) 中通过系统模型传播的估值 x_k^i 在计算得到归一化权值 (6.45) 后，通过公式 (6.42) 进行更新。然后令 $\omega_k^i = 1/N$，$k = k+1$，返回步骤 2。

3. 参数估计的增广方法

6.3.2 节 2. 实施步骤中总结的步骤还只是对非线性系统中的状态变量进行估计，要对模型中的未知参数进行估计，还需要将参数增广到动力学系统模型中，这样，对未知参数的估计问题就转化成了单纯的对状态值进行估计的问题 [254]。

具体来讲，对于由过程模型 (6.23) 和观测模型 (6.30) 组成的系统，过程模型中的未知参数可利用高斯随机游走模型建模 [255] 并增广为状态变量，即将未知参数表示成如下形式：

$$p_k = p_{k-1} + \xi_{k-1} \tag{6.46}$$

其中 ξ 为参数噪声，假设其为零均值的高斯随机噪声。这里需要强调的是，这种假设只是处理本节问题的一种策略，根据参数的不同性质，ξ 可以假设为任意的非高斯随机噪声。

通过这种增广方法，初始的状态变量 x 和噪声 w 可以增广为加入未知参数 p 和 ξ 的形式，即

$$x_k^* = \begin{bmatrix} x_k & p_k \end{bmatrix}^{\mathrm{T}} \tag{6.47}$$

$$w_k^* = \begin{bmatrix} w_k \\ & \xi_k \end{bmatrix} \tag{6.48}$$

由此，过程模型 (6.23) 和观测模型 (6.30) 可以表示为如下形式：

$$x_k^* = x_{k-1}^* + T_{\text{step}} \left(f \left[x_{k-1}^*, u_{k-1}, k-1 \right] + w_{k-1}^* \right) \tag{6.49}$$

$$z_k = h \left[x_k^* \right] + n_k \tag{6.50}$$

通过以上增广方法，将 PF 应用到增广的过程模型 (6.49) 和观测模型 (6.50) 中，便可用于估计飞行器动力学模型中的梯度风强度参数。

6.3.3 梯度风参数估计仿真

对于梯度风指数模型 (5.1)，参考高度 h_R 是飞行前设定的，而参考高度处的风速 V_R 也可以通过在指定高度处安装风速计来测量得到。因此模型中的唯一未知参数为代表梯度风剖面形状的参考值 p。本节利用 PF 方法对风场中的强度参数进行实时估计，并与 EKF 方法所得到的估值进行对比。

1. 常系数梯度风参数估计仿真

首先，对于仿真的动态滑翔过程，假设梯度风强度参数 p 是一个常数，h_R、V_R 均已经给定，并且该常数的真值为 1。按照 5.3.1 节中的参数，以椭圆形航迹为例，利用数值优化方法，采用 GPOPS 工具包，可以计算得到飞行器在最小梯度风强度条件下的最优动态滑翔航迹。该航迹的标称控制输入 C_L 和 μ 随时间的变化曲线分别如图 6-9 和图 6-10 所示。

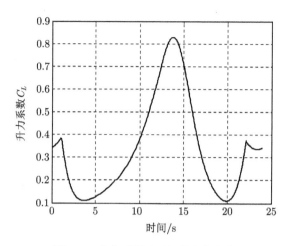

图 6-9　升力系数随时间的变化曲线

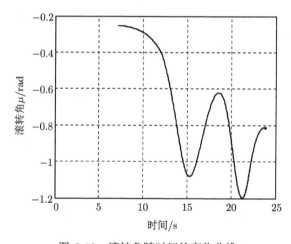

图 6-10　滚转角随时间的变化曲线

通常飞行器机载空速传感器的测量精度大约在 1m/s 的量级，而机载 GPS 在使用差分技术的情况下，对位置的测量精度可以达到 2~3m 的量级。因此可以将方程 (6.30) 中的观测噪声协方差矩阵设置如下：

$$E\left(nn^{\mathrm{T}}\right) = \mathrm{diag}\left(\begin{array}{cccc} n_V^2 & n_h^2 & n_x^2 & n_y^2 \end{array}\right) = \mathrm{diag}\left(\begin{array}{cccc} 1 & 5 & 5 & 5 \end{array}\right) \tag{6.51}$$

按照该条件，得到飞行器空速和位置的仿真观测值如图 6-11 和图 6-12 所示。而根据状态变量的特点，过程模型 (6.49) 中噪声的协方差矩阵可以设置如下：

$$\begin{aligned} E\left(w^*w^{*\mathrm{T}}\right) &= \mathrm{diag}\left(\begin{array}{ccccccc} w_V^2 & w_\Psi^2 & w_\gamma^2 & w_h^2 & w_x^2 & w_y^2 & w_p^2 \end{array}\right) \\ &= \mathrm{diag}\left(\begin{array}{ccccccc} 2 & 0.17 & 0.17 & 5 & 5 & 5 & 0.2 \end{array}\right) \end{aligned} \tag{6.52}$$

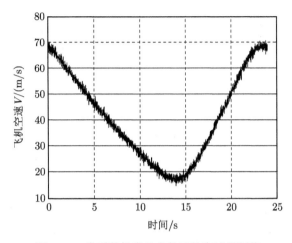

图 6-11 常系数梯度风参数下的空速观测值

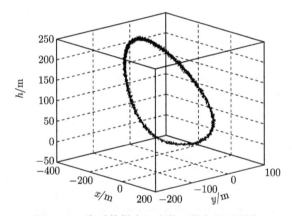

图 6-12 常系数梯度风参数下的位置观测值

在估计过程中，假设完全未知代表梯度风剖面形状的参考值 p 的信息，即

$$E(p_0) = 0 \tag{6.53}$$

$$E(p_0 p_0) = Q_{p0} \tag{6.54}$$

方程 (6.54) 中 Q_{p0} 是初始参考值 p_0 的方差，仿真中设 $Q_{p0}=10$，即表明对方程 (6.53) 中给出的 p_0 的初始参考值完全不信任。在此条件下，图 6-13～图 6-16 显示了 PF 和 EKF 方法经过一个动态滑翔周期后对飞行器状态的仿真估计结果。

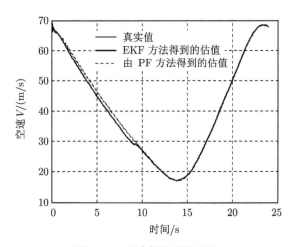

图 6-13　速度值的估计结果

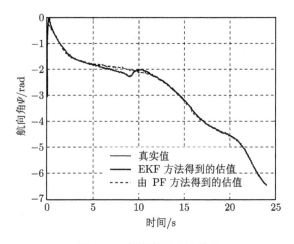

图 6-14　航向角的估计结果

从图 6-13~ 图 6-16 中可以看出，对于飞行器的状态变量即速度、航向角和航迹角，EKF 和 PF 方法的估计值都很好地跟随了真值的变化趋势，但是 EKF 方法在 10s 之前的估计结果与真值相比差别较大，并且在 10s 附近有一个明显的跳跃，这一点在图 6-14 中表现尤为明显。而 PF 方法的估计结果很快跟踪到了真值附近，并且在整个动态滑翔周期内表现都比较稳定，这一点在图 6-15 中表现的非常明显。这说明 PF 方法相比 EKF 方法而言具有更高的估计精度和收敛速度。

图 6-17 是 EKF 方法和 PF 方法对梯度风参考值 p 的估计结果。从图中可以看出，梯度风参数的真值为 $p = 1$，PF 方法在大约 2s 之内，对参考值 p 的估计结果就收敛到了真值附近，而 EKF 方法的收敛速度则要慢得多，大约需要 10s 的

时间。将估计的梯度风参考值代入指数模型，可以得到飞行器在动态滑翔过程中从惯性系观察所得到的梯度风风速值随时间的变化，如图 6-18 所示。从图中可以看出，EKF 方法所估计的梯度风风速值与真值在 10s 之前偏差非常大，而 PF 方法的估计值在 2s 之后就很好地跟踪到了真实梯度风风速值的变化曲线。仿真中，飞行器一个动态滑翔周期的时间大约是 24s，EKF 的估计结果收敛的时间大约是 10s，而 PF 的估计结果收敛的时间为 2s，因此，从应用的角度讲，PF 方法无疑更具有收敛速度上的优势。

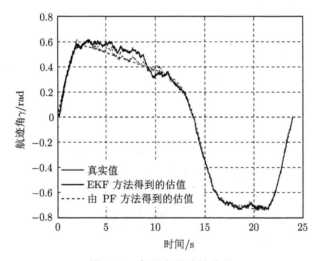

图 6-15　航迹角的估计结果

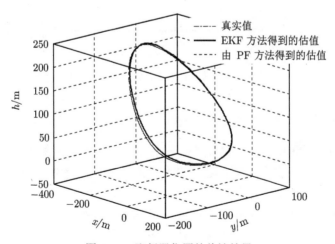

图 6-16　飞行器位置的估计结果

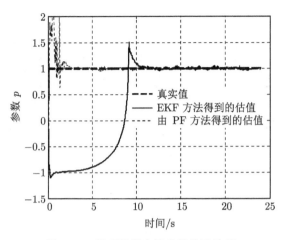

图 6-17　常系数梯度风参数估计结果

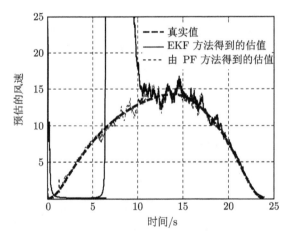

图 6-18　常系数梯度风风速值估计结果

2. 变系数梯度风参数估计仿真

在动态滑翔过程中，梯度风参考值 p 并不一定一直都是常数，根据不同的区域和环境，该值也可能随着时间在不断地变化。影响参考值 p 变化的因素在文献 [245, 246] 中有过讨论，其研究结果表明，在地表附近，昼夜 24h 温度的变化对梯度风参考值 p 的影响非常大，通常，在白天梯度风参考值比较大，在夜间比较小，短时间内可以认为 p 为缓慢线性变化的参数。

因此，本节的仿真假设梯度风参考值 p 为一个未知的时变参数，为了模拟该参数的时变特性，假设 p 的真值在一个动态滑翔周期内按照线性变化，变化趋势

如下:

$$p_k = p_{k-1} + \Delta T \left(-Ak\right) \tag{6.55}$$

其中 k 代表离散的时刻点,ΔT 代表离散的时间步长。参照值 p 的初始值依然按照方程 (6.53) 和 (6.54) 所设置,而方程 (6.55) 中的参数设置为 $p_0 = 1$、$A = 1/48$。观测噪声矩阵的设置与方程 (6.51) 一致。

飞行器进行动态滑翔的标称输入依然如图 6-9 和图 6-10 所示,在此控制输入的作用下,在本节所假定的梯度风场条件中,飞行器观测值的仿真结果如图 6-19和图 6-20 所示。

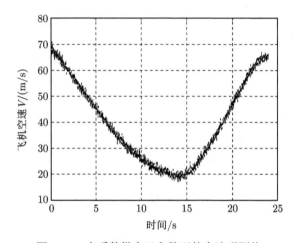

图 6-19 变系数梯度风参数下的空速观测值

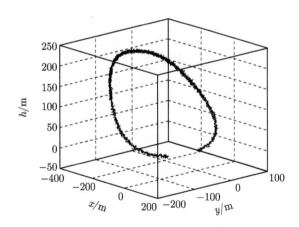

图 6-20 变系数梯度风参数下的位置观测值

相比图 6-11 和图 6-12 可以看出,在相同控制输入的作用下,随着梯度风场参数的变化，两者对速度和位置的观测值相差很大，在常系数梯度风参数下，观测的动态滑翔航迹基本为一个闭合的椭圆形，而在变系数梯度风参数下，该航迹将不再闭合。

飞行器过程模型的协方差矩阵和状态变量初始值的设置与方程 (6.52)～(6.54) 中相同。在此条件下，图 6-21 和图 6-22 显示了 PF 和 EKF 方法对变系数梯度风参考值 p 以及地面惯性系中对梯度风风速值的估计结果。

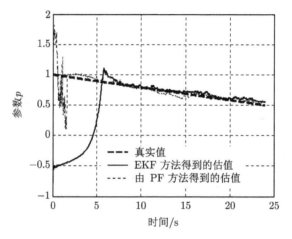

图 6-21　变系数梯度风参数估计结果

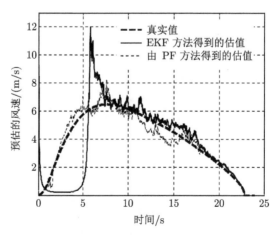

图 6-22　变系数梯度风风速值估计结果

从图 6-21 中可以看出，在对变系数梯度风参数的估计过程中，PF 相较 EKF 而言依然具有明显优势。虽然两种方法在动态滑翔的中后阶段，对梯度风参数的估计结果都跟踪到了梯度风参数的变化趋势，并收敛到了真值附近，但是 EKF 方法用了将近 7s，估计结果才收敛，而 PF 方法只用了大概 2s，估计结果就已经收敛。并且从图 6-22 中可以看出，由于在初始阶段，飞行器的飞行高度较低，梯度风参考值对梯度风风速值的估计结果影响不大，因而整个动态滑翔阶段，PF 方法对变系数梯度风风速值的估计结果都在真实值附近，而 EKF 方法在初始阶段的估计结果与真实值偏差非常大。

6.3.4 梯度风参数估计性能比较

1. 估计结果的精确度比较

在 6.3.3 节 1. 常系数梯度风参数估计仿真和 6.3.3 节 2. 变系数梯度风参数估计仿真中，只是对 EKF 方法和 PF 方法的估计性能进行了定性的对比。由于在单次的估计过程中，估计结果具有一定的随机性，因而单次结果的对比并不能有力说明两种方法的性能差异。为了量化 EKF 方法和 PF 方法在估计性能上的差异，本节通过多次仿真的方式，对 EKF 方法和 PF 方法的性能进行定量比较。定义待估计参数的均值和方差的均方根误差界 (bound of root mean square error) 如下：

$$\text{RMSE}\,(t) = \sqrt{\sum_{j=1}^{n} \left(p_j\,(t) - \hat{p}_j\,(t)\right)^2}$$

$$M_{\text{RMSE}} = \frac{1}{M} \sum_{i=1}^{M} \text{RMSE}_i\,(t) \tag{6.56}$$

$$\sigma_{\text{RMSE}} = \sqrt{\frac{1}{M-1} \sum_{i=1}^{M} \left(\text{RMSE}_i\,(t) - M_{\text{RMSE}}\right)}$$

其中，n 是参数 p 的维数，在本节 $n = 1$；M 是估计次数，这里假定 $M = 20$。

图 6-23 显示了两种估计方法在 M 次动态滑翔过程中，估计结果的 RMSE(t) 均值和 1σ 边界随时间的变化关系。

图 6-23 中实线代表 EKF 方法在 M 次动态滑翔过程中，估计值 RMSE 的均值，虚线代表 EKF 方法估计值 RMSE 的 1σ 边界；粗点划线代表 PF 方法估计值 RMSE 的均值，细点划线代表 PF 方法估计值 RMSE 的 1σ 边界。从图中可以看出，在梯度风参考值 p_0 不准确的条件下，PF 方法对 p 的估计值比 EKF 方法更准确，并且收敛速度也更快。而估计值 RMSE 的 1σ 边界则显示 PF 方法的估计结果比 EKF 方法更可靠，并且精度也更高。整体来看，PF 方法估计结果的精确度是 EKF 方法的 2~3 倍。

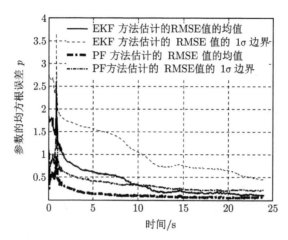

图 6-23　在 M 次动态滑翔过程中 EKF 和 PF 方法估计结果对比

2. 运算量比较

将 PF 方法应用到对梯度风参数的估计中的另一个需要比较的性能是运算量。由于影响 PF 方法运算量的最主要因素是所选择的粒子个数，因此，在讨论 PF 方法运算量之前，需要先讨论一下粒子个数的选择问题。PF 方法中粒子数量的选择通常由所估计问题的维数、系统模型的非线性度以及未知参数的性质决定[255]。

通常来讲，粒子数越多，PF 的估计效果越好，也就是说可以得到一个更低的 M_{RMSE} 估计值和更小的 σ 区间，相应地，所需的运算量也就越大。因此 PF 在实施过程中，在估计性能和运算量之间保持平衡非常重要。为此，除了需要比较 EKF 方法和 PF 方法在实施梯度风参数估计时所消耗的中央处理器 (CPU) 时间外，还需要比较 M 次动态滑翔过程中，估计结果的 RMSE 值和估计发散的次数，以及 PF 方法在不同粒子数的条件下，所消耗的 CUP 时间与 EKF 所消耗的时间之比。其中，估计结果的 RMSE 值定义为在公式 (6.56) 中 $\mathrm{RMSE}(t)$ 在动态滑翔周期内取的均值，即

$$\mathrm{RMSE} = \frac{1}{T} \int_0^T \mathrm{RMSE}\,(t)\mathrm{d}t \tag{6.57}$$

EKF 方法和 PF 方法在不同粒子数条件下的性能比较如表 6-2 所示。表中的数据是在安装 Windows XP 系统的 Intel®Core™，i3-2100 UP@3.10GHz 的台式机计算机上得到的计算结果。

表 6-2 中的结果显示，PF 方法的 RMSE 值与粒子数近似成反比例，而 CPU 所消耗的时间与粒子数近似成正比例。当 PF 方法的粒子数选取为 $N = 200$ 时，

其 RMSE 和 CUP 消耗时间与 EKF 基本相似。当 $N = 1000$ 时,PF 方法的 RMSE 相比 EKF 方法有了非常大的减小,但是与此同时,PF 方法的 CUP 消耗时间与 EKF 方法的 CUP 消耗时间之间的比值也增加到了 3.866。一个动态滑翔周期大约只有 20s 的时间,而飞行器上自驾仪的运算处理能力相比个人计算机而言还有很大的提升空间。因此,目前而言,如何减少 PF 的运算量使其适合于在机载自驾仪上使用,依然是急需解决的问题。

表 6-2 EKF 方法和 PF 方法在不同粒子数条件下的性能比较

滤波器	EKF	PF($N=100$)	PF($N=200$)	PF($N=500$)	PF($N=1000$)
RMSE	0.410	1.210	0.359	0.333	0.129
CPU 时间	1	0.676	1.134	2.279	3.866

6.4 梯度风对高空长航时飞行的影响

太阳能飞行器的工作高度通常在 15~25km。在该区间,存在持续的梯度风,风速通常由 15km 处的最大值变化到 20km 处的最小值[86]。因此,研究梯度风对太阳能飞行器高空长航时飞行性能的影响,具有重要意义。

基于动态滑翔的概念,如果飞行器能够以合适的方式在梯度风场中飞行,那么飞行器可以从梯度风场中不断地获取能量,以维持无动力飞行。但是由于高空长航时飞行器通常翼展比较大,机身具有大柔性的特点,难以在动态滑翔的时间尺度内 (约数十秒钟的量级) 完成所需要的机动动作。因此,对大翼展的高空长航时飞行器而言,难以从梯度风场中持续获取能量。但是根据第 4 章的讨论,太阳能飞行器在高空长航时飞行过程中,飞行航迹可以主要分为爬升阶段、重力滑翔阶段和巡航阶段,即使不是采用动态滑翔的方式,飞行器在爬升阶段和重力滑翔阶段,梯度风场对其航时也都有重要的影响。因此,本小节将重点研究梯度风场对太阳能飞行器高空长航时飞行性能的影响。由于能量需求仍然是发展高空长航时飞行器的主要制约因素[9,197],飞行器能否从高空梯度风场中获取能量用于爬升,或是用于在重力滑翔阶段延长飞行航时是最为关心的问题。为此,本节将梯度风对飞行器高空长航时飞行的影响问题归纳为飞行器在上升阶段所能达到的最大高度问题和飞行器在重力滑翔阶段所能支撑的最长滑翔时间的问题,然后以此分别分析梯度风方向和大小对爬升和下降阶段的影响。

6.4.1 高空风场特点

通常来说,从惯性系来看高空风场是随着时间和空间变化的函数,在不同的时间点和空间方向上,风速的值也不同,因此,广义的风场函数可以表示如下:

$$V_x = V_x\left(\ t,\quad x,\quad y,\quad h\ \right)$$

$$V_y = V_y\left(\ t,\quad x,\quad y,\quad h\ \right) \tag{6.58}$$

$$V_h = V_h\left(\ t,\quad x,\quad y,\quad h\ \right)$$

以长沙地区 (28.2°N,112.6°E) 为例，在 30km 以下，风场的平均强度和风场方向如图 6-24 所示。风场数据来源于长沙气象站 2009 年纪录数据。

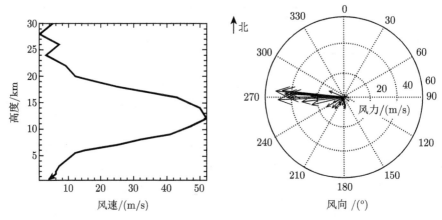

图 6-24　长沙地区 (28.2°N,112.6°E) 风场平均强度和方向示意图

从图 6-24 中可以看出，在 5~10km 和 15~20km，存在较为稳定的持续梯度风场，风场方向也比较一致。按照 5.2.1 节 1. 梯度风模型中对梯度风建模的分类方法，具有图 6-24 中特征的梯度风场可以用线性梯度风模型对其进行建模，即假设在给定的区间段内，风速值随着高度呈线性变化，而且风速的方向基本一致。即风场模型可以表示为

$$V_W\left(h\right) = V_R\left(\frac{h}{h_R}\right)^p = \frac{V_R}{h_R}h = \beta h \tag{6.59}$$

式中符号的含义与 5.2.1 节 1. 梯度风模型中一致。

6.4.2　高空长航时飞行建模分析

1. 动力学模型和飞行航迹特征

本节采用的太阳能飞行器动力学模型与方程 (3-1)~(3-6) 一致，在考虑梯度风场影响的条件下，飞行器的动力学模型可表示为

$$\frac{\mathrm{d}V}{\mathrm{d}t} = \frac{T - D - mg\sin\gamma - m\dot{V}_x\cos\gamma\cos\varPsi - m\dot{V}_y\cos\gamma\sin\varPsi + m\dot{V}_z\sin\gamma}{m} \tag{6.60}$$

$$\frac{\mathrm{d}\gamma}{\mathrm{d}t} = \frac{L\cos\sigma - mg\cos\gamma + m\dot{V}_x\sin\gamma\cos\Psi + m\dot{V}_y\sin\gamma\sin\Psi + m\dot{V}_z\cos\gamma}{mV} \quad (6.61)$$

$$\frac{\mathrm{d}\Psi}{\mathrm{d}t} = \frac{L\sin\sigma + m\dot{V}_x\sin\Psi - m\dot{V}_y\cos\Psi}{mV\cos\gamma} \quad (6.62)$$

$$\frac{\mathrm{d}x}{\mathrm{d}t} = V\cos\gamma\cos\Psi + V_x \quad (6.63)$$

$$\frac{\mathrm{d}y}{\mathrm{d}t} = V\cos\gamma\sin\Psi + V_y \quad (6.64)$$

$$\frac{\mathrm{d}h}{\mathrm{d}t} = V\sin\gamma + V_z \quad (6.65)$$

其中，风速的导数值可以表示为

$$\dot{V}_x = \frac{\partial V_x}{\partial t} + \frac{\partial V_x}{\partial x} + \frac{\partial V_x}{\partial y} + \frac{\partial V_x}{\partial h}$$

$$\dot{V}_y = \frac{\partial V_y}{\partial t} + \frac{\partial V_y}{\partial x} + \frac{\partial V_y}{\partial y} + \frac{\partial V_y}{\partial h} \quad (6.66)$$

$$\dot{V}_h = \frac{\partial V_h}{\partial t} + \frac{\partial V_h}{\partial x} + \frac{\partial V_h}{\partial y} + \frac{\partial V_h}{\partial h}$$

式中升力 L 和阻力 D 的计算方法与 3.2.2 节一致。

如 4.4.2 节 1. 航迹特征中所讨论，基于重力势能储能的太阳能飞行器典型航迹可以分为三段，即储能电池充电并爬升到高高度的阶段、重力滑翔阶段和释放电能保持平飞的阶段。在这三个阶段中，在保持平飞的阶段，由于没有高度上的变化，梯度风场对飞行器的飞行能量没有影响，只会影响地面惯性系中观察飞行器时的速度。而在第一阶段和第二阶段由于飞行器在高度上发生了变化，所以梯度风场的方向和大小将对飞行器的飞行能量产生影响。因此，基于动态滑翔的概念，本节将针对太阳能飞行器典型航迹的第一阶段和第二阶段，分析梯度风场对飞行器飞行性能的影响。

2. 影响因素计算方法

本节的目的是研究梯度风场对太阳能飞行器飞行性能的影响。基于动态滑翔的概念，如果飞行器以合适的飞行方式飞行，梯度风可以视为飞行器的一种能量源。在爬升阶段，飞行器的主要性能指标可以认为是在可用太阳能约束条件下的最大爬升高度。如果按照 4.4.2 节 1. 航迹特征中的阶段划分方法，第一阶段和第二阶段之间的划分会发生动态变化，因此，本节中将有太阳辐射阶段称为第一阶

段，在没有太阳辐射，但飞行器还在最低高度以上的阶段称为第二阶段。这样，第一阶段飞行器的性能指标可以设置为

$$\max J_1 = h_{1f} - h_{10} \tag{6.67}$$

在第二阶段，飞行器采用重力滑翔的方式下降高度，其主要性能指标是在给定的垂直下降高度条件下，飞行器的最大飞行时间。因此，可以将该阶段飞行器的性能指标设置为

$$\max J_2 = t_{2f} - t_{20} \tag{6.68}$$

其中，h_{10} 和 h_{1f} 分别代表飞行器第一阶段的初始高度和终端高度，t_{2f} 和 t_{20} 分别代表飞行器第二阶段的开始时刻和终端时刻。

性能指标 (6.67) 和 (6.68) 的初始边界条件可以表示为

$$
\begin{aligned}
V(t_0) &= V_0 \\
\Psi(t_0) &= \Psi_0 \\
\gamma(t_0) &= \gamma_0 \\
x(t_0) &= x_0 \\
y(t_0) &= y_0 \\
h(t_0) &= h_{10}
\end{aligned}
\tag{6.69}
$$

性能指标 (6.67) 的终端边界条件可以表示为

$$h(t_f) = h_{1f} \tag{6.70}$$

性能指标 (6.68) 的终端边界条件可表示为

$$t_f = t_{2f} \tag{6.71}$$

动力学方程 (6.60)~(6.65) 中，控制变量依然为飞行器推力 T、升力系数 C_L 和滚转角 μ。其中推力 T 受到的约束与 4.2.3 节中一致，升力系数 C_L 所受到的约束为

$$0.3 \leqslant C_L \leqslant 1.2 \tag{6.72}$$

对于基于重力势能储能的高空长航时飞行航迹，本节只考虑飞行器在垂直平面内的运动，不考虑飞行器的纵向运动，故

$$\mu = 0 \tag{6.73}$$

同时，飞行器在飞行过程中，还需要满足飞行状态量所受到的约束，即

$$V_{\min} \leqslant V \leqslant V_{\max}$$
$$\Psi = 0$$
$$\gamma_{\min} \leqslant \gamma \leqslant \gamma_{\max} \tag{6.74}$$
$$h_{\min} \leqslant h \leqslant h_{\max}$$

由此，求解飞行器在梯度风场中的最优爬升和下降航迹问题，可以归纳为优化推力 T 和升力系数 C_L，在满足动力学方程约束 (6.60)~(6.65)，以及分别满足边界条件约束 (6.69) 和 (6.70) 或 (6.69) 和 (6.71) 及状态变量约束 (6.74) 的条件下，使得性能指标 (6.67) 或 (6.68) 最大化的问题。

由以上分析可知，该优化问题依然属于 Mayer 形式的最优控制问题 [256]，该问题可以采用 GPM 求解。求解过程中，控制变量、目标函数和状态变量约束条件的计算精度都设置为 1×10^{-6}，GPOPS 工具箱中的解算方法选择为 Radau 方法，求解过程中，初始猜测值设置为

$$C_{Li} = 0.8$$
$$\mu_i = 0$$
$$T_i = 0$$
$$V_i = \sqrt{\frac{2}{\rho}} \left(\frac{mg}{S_w} \right) \left(\frac{C_{Di}}{C_{Li}^{3/2}} \right) \tag{6.75}$$
$$\Psi_i = 0$$
$$\gamma_i = \min_{\alpha_{\min} \leqslant \alpha \leqslant \alpha_{\max}} \left(C_{Di}/C_{Li}^{3/2}\left(\alpha\right) \right)$$
$$x_i = y_i = z_i = 0$$

6.4.3 梯度风对飞行器爬升阶段的影响分析

按照 6.4.2 节 2. 影响因素计算方法中的方法，可以分别求解飞行器在不同梯度风场条件下爬升和下降时的飞行性能。仿真过程中，飞行器的基本设计参数与表 4-4 和表 4-5 所列参数一致。

1. 梯度风方向对爬升阶段的影响

为分析梯度风方向对爬升阶段的影响，本节将仿真参数设置如下：飞行器的初始高度为 15km，初始的飞行时间为上午 9:00，终止时间为上午 11:00，按照图 6-24 所示梯度风的强度，仿真过程中假设梯度风的强度为 -0.01 s^{-1}，即随着高度的增加，风速的强度值呈线性减小。在这种情况下，飞行过程中，飞行器航迹角和高度在无风情况下随时间的变化关系分别如图 6-25 和图 6-26 中的实线所示。在逆风爬升情况下，航迹角和高度随时间的变化关系如图中点划线所示；而在顺风爬升情况下，航迹角和高度随时间的变化关系如图中的虚线所示。

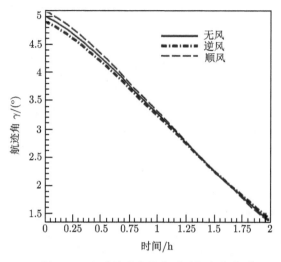

图 6-25　爬升阶段航迹角随时间变化关系

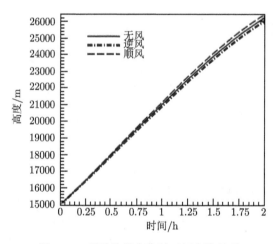

图 6-26　爬升阶段高度随时间变化关系

　　从图 6-25 和图 6-26 中可以看出，在给定的梯度风强度条件下，梯度风的风向对飞行器爬升阶段的航迹角和高度影响虽然不大，但是在对能量的增减效果上有完全不同的性质。由于在 15~20km 的高度区间，梯度风强度 $\beta < 0$，在逆风上升的情况下 $\sin\gamma\sin\Psi < 0$，因此，由梯度风产生的虚拟力做的是负功。相比无风情况下，飞行器必须消耗更多的功率才能爬升到相同的高度。从图 6-26 中可以看出，逆风爬升条件下飞行器的高度曲线始终比无风情况下要低，这说明，飞行器有部分能量被梯度风所消耗了。在顺风爬升的情况下，虽然梯度风强度仍然为负值，但是飞行器的航向角 $\Psi > 0$，航迹角 $\gamma > 0$，$\sin\gamma\sin\Psi > 0$，因此，由梯度风产生的虚拟力做的是正功。相比无风情况下，飞行器能够从梯度风中获取能量爬升到更高的高度。同样从图 6-26 中可以看出，顺风爬升条件下飞行器的高度曲线始终比无风情况下要高，这说明飞行器在爬升的过程中从梯度风中获取了额外的能量。在给定的梯度风强度条件下，在 2h 的飞行时间内，顺风爬升和无风爬升两种情况之间的爬升高度差约为 200m，这 200m 高度所产生的势能就是从梯度风中获取的能量。

2. 梯度风强度对爬升阶段的影响

6.4.3 节 1. 梯度风方向对爬升阶段的影响讨论的是梯度风方向对飞行器爬升过程中的飞行高度的影响，本节讨论梯度风强度的影响。首先，假设梯度风随高度只有强度上的变化，没有方向上的变化，并且梯度风方向是从惯性系中的 x 轴负轴吹向正轴。假设梯度风强度在 0.005~0.1s^{-1} 变化，分别假设梯度风强度的值为 $[0.005, 0.01, 0.05, 0.1]$ s^{-1}。按照 5.2.3 节 1. 动态滑翔参数的分析，在 $\beta > 0$ 的条件下，飞行器通过逆风滑翔的方式可以从梯度风中获取能量。在不同的梯度风强度参数条件下，动态滑翔参数的值随时间的变化关系如图 6-27 所示，高度随时间的变化如图 6-27 所示。

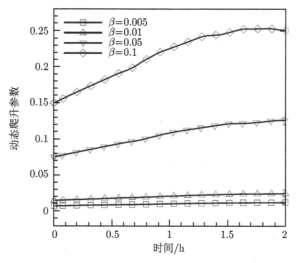

图 6-27 爬升阶段不同梯度风强度参数条件下动态滑翔参数值随时间的变化关系

从图 6-27 中可以看出，在爬升条件下，当梯度风强度参数为 $\beta = 0.005$s^{-1} 时，动态滑翔参数约为 0.01；当 $\beta = 0.01$s^{-1} 时，动态滑翔参数增加到大约 0.03；按照对动态滑翔参数的定义，动态滑翔参数代表从梯度风中所获取的功率与阻力所消耗的功率之间的比值。这也就代表，当梯度风强度为 $0.005 < \beta < 0.01$ 时，从梯度风中所获取的能量能够补偿飞行器爬升过程中阻力所消耗能量的 1%~3%。当梯

度风强度值继续增大，$\beta = 0.05\text{s}^{-1}$ 时，动态滑翔参数将增大到大约 0.12，而当 $\beta = 0.1\text{s}^{-1}$ 时，动态滑翔参数将增大到 0.25。也就是说当梯度风强度为 $0.05 < \beta < 0.1$ 时，从梯度风中所获取的能量能够补偿飞行器爬升过程中阻力所消耗能量的 $12\% \sim 25\%$。这对于补偿飞行器阻力消耗的能量来说是非常可观的。这也说明，如果高空中的梯度风场能够得到合理的利用，可以预期，这将对太阳能飞行器的高空长航时飞行带来积极的影响。

从图 6-27 中也可以看出，动态滑翔参数的值随时间在逐渐变大，这一现象可以从动态滑翔参数的定义中找到原因：随着飞行器的高度不断增高，飞行器爬升速度增大的并不明显，但是大气密度却随着高度的升高迅速降低，也就是说大气密度降低的速率大于飞行器空速升高的速率，所以从总的效果来看，动态滑翔参数随着飞行器高度的升高而不断地增大。

从图 6-24 中可以看出，长沙地区的实际风场中，梯度风的强度在 $0.005 \sim 0.01\text{s}^{-1}$ 的量级，此时对应的动态滑翔参数只有 $0.01 \sim 0.03$。飞行器能够实现无动力动态滑翔的前提是至少有部分飞行航迹上动态滑翔参数大于 1，即使高空局部区域梯度风场的强度可能会比较高，但是距离能够使太阳能飞行器实现无动力动态滑翔所需的强度还很远。因此，大展弦比太阳能飞行器在高空利用梯度风场实现无动力动态滑翔是不现实的。但是，合理地利用梯度风，可以减少飞行过程中阻力所消耗的能量，这对于提高飞行器的高空长航时飞行性能也具有积极的意义。

不同梯度风强度条件下飞行器最大爬升高度相对无风情况下最大爬升高度的差值随时间的变化曲线如图 6-28 所示，从图中可以看出，当梯度风强度在 $\beta =$

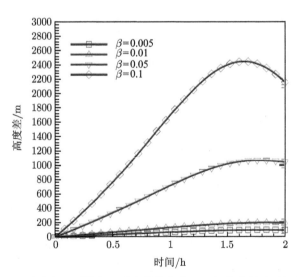

图 6-28　爬升阶段不同梯度风强度参数条件下飞行高度差随时间的变化关系

$[0.005, 0.01, 0.05\ 0.1]\mathrm{s}^{-1}$ 中变化时，梯度风强度越大，飞行器最大飞行高度的增加值也越大。这再次说明在梯度风场中，如果能够有效地利用梯度风，飞行器是可以从中获取能量的，并用于飞行器的爬升。其中从梯度风中获取的能量就体现在图 6-28 所示的高度差中。

6.4.4　梯度风对飞行器滑翔阶段的影响分析

1. 梯度风方向对滑翔阶段的影响

本节研究梯度风方向对太阳能飞行器重力滑翔阶段的影响，仿真参数设置如下：初始高度设置为 20km，重力滑翔的初始阶段为下午 8:00。这样，在该时间之后，太阳能功率为零，飞行器在保持滞空飞行而又不消耗储能电池功率的情况下，就必须采用重力滑翔方式。按照长沙地区风场的实际情况，这里设梯度风强度为 $-0.01\mathrm{s}^{-1}$。在该情况下，飞行器重力滑翔阶段航迹角随时间的变化如图 6-29 所示，高度随时间的变化如图 6-30 所示。其中实线代表无风情况下的飞行航迹，点划线代表逆风下滑情况下的航迹，虚线代表顺风下滑情况下的航迹。

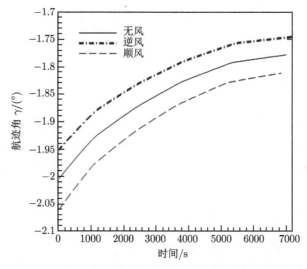

图 6-29　重力滑翔阶段航迹角随时间的变化曲线

从图 6-29 中可以看出，飞行器逆风滑翔情况下的航迹角比无风情况下的要大，而顺风滑翔情况下的航迹角比无风情况下要小。这说明飞行器在逆风滑翔情况下下降的速度要比顺风滑翔情况下的速度小，在下降相同高度的情况下，前者滑翔的时间要比后者长。产生这一现象的原因依然可以从梯度风产生的虚拟力来解释。当梯度风强度值 $\beta < 0$ 时，在逆风条件下 $\varPsi < 0$，顺风时 $\varPsi > 0$，而在滑翔下降阶段航迹角 γ 始终小于零。因此在顺风下降阶段 $\beta\sin\gamma\cos\gamma\sin\Psi$ > 0，梯度风所产生的虚拟力做负功，飞行器必须利用额外的能量来克服虚拟力所做的负功，所以此时飞行器的航迹角相较无风情况下要小；而在逆风下降阶段 $\beta\sin\gamma\cos\gamma\sin\Psi$ < 0，梯度风所产生的虚拟力做正功，飞行器此时从梯度风中吸收能量。

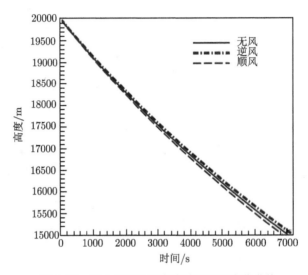

图 6-30　重力滑翔阶段高度随时间的变化曲线

同样从图 6-30 中也可以看出，从 20km 滑翔到 15km 的过程中，在无风情况下，飞行器的滑翔时间是 7022s；顺风滑翔的情况下，飞行器的滑翔时间为 6865s；而在逆风滑翔的情况下，飞行器滑翔时间为 7179s。从中可以看出，顺风滑翔情况下的飞行航时相比无风情况短了约 150s，这段时间的飞行便是由从梯度风中获得的能量所支持的。

2. 梯度风大小对滑翔阶段的影响

本节中仿真参数的设置与 6.4.3 节 2. 梯度风强度对爬升阶段的影响中一致，梯度风强度参数依然分别设置为 $\beta = [0.005, 0.01, 0.05, 0.1]\ \mathrm{s}^{-1}$。为研究梯度风强度变化对重力滑翔阶段的影响，本节将飞行器的飞行方式设置为顺风下降滑行，这样在梯度风强度 $\beta > 0$ 的条件下，飞行器可以从梯度风中获取能量。不同情况下，动态滑翔参数随时间的变化关系如图 6-31 所示。

从图 6-31 中可以看出，在滑翔阶段，当梯度风强度值在 $0.005\sim0.01\mathrm{s}^{-1}$ 时，动态滑翔参数为 $0.01\sim0.02$，这也就是说飞行器从梯度风中获得的能量可以补偿飞行器阻力所消耗能量的 1%～2%，这比上升阶段时的值要略小。当梯度风强度值

分别增大到 $0.05\mathrm{s}^{-1}$ 和 $0.1\mathrm{s}^{-1}$ 时, 动态滑翔参数分别增大到约 0.1 和 0.2。也就是说, 此时飞行器从梯度风中获得的能量可以补偿飞行器阻力所消耗能量的 $10\%\sim$ 20%。可以看出, 飞行器从梯度风中所获得的能量与梯度风强度 β 基本呈正比例关系。从图 6-31 中也可以看出, 与上升阶段一样, 在重力滑翔阶段, 动态滑翔参数也是随时间不断变化的, 并且不断变小。产生这一现象的原因与上升阶段的原因一致: 都是密度变化的速率大于速度变化的速率所致。

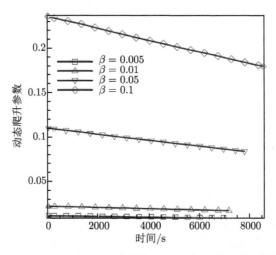

图 6-31 重力滑翔阶段不同条件下动态滑翔参数随时间的变化关系

飞行器在不同梯度风强度条件下飞行航时与无风情况下飞行航时之间的差值随时间的变化关系如图 6-32 所示。从图中可以看出当梯度风强度在 $\beta = [0.005,$

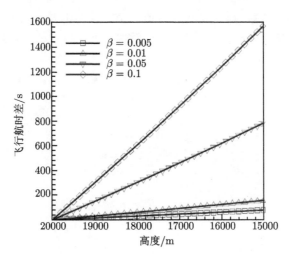

图 6-32 重力滑翔阶段不同条件下飞行航时差随时间的变化关系

0.01, 0.05 0.1]s^{-1} 中变化时，飞行器的飞行航时相比无风情况下的航时的差值越来越大。这说明，梯度风强度越大，飞行器从梯度风中获得的能量也越多。而从梯度风中获取的额外能量就体现在如图 6-32 所示的额外飞行航时中。

6.5　动态滑翔的应用前景与挑战分析

自然界中，如信天翁之类的大型鸟类广泛采用动态滑翔来实现无动力或极少动力损耗的长航时飞行。鸟类学家揭示了动态滑翔的原理之后，飞行器如何使用该方法从梯度风中获取能量，成为飞行器设计学者研究的热门话题。本节专门对动态滑翔在未来无人机上的应用前景与面临的挑战进行论述。

6.5.1　应用前景

概括来说，动态滑翔在飞行器中的典型应用包括三个方面：高速无动力飞行、长航时无动力飞行和利用梯度风进行发电。

1. 高速无动力飞行

目前，在无线电遥控飞行团队，动态滑翔广泛应用于模型飞机的高速无动力飞行。在山谷背面存在较强梯度风的区域，模型飞机可以通过从梯度风中获取的能量，加速到 700~800km/h$^{[257,258]}$，这相当于波音 737 民航客机的飞行速度！这也显示出无人飞行器从梯度风中可以获得能量的巨大潜力。

飞行器在实现高速无动力飞行时通常采用椭圆形飞行轨迹。理想的高速无动力动态滑翔通常在如图 6-33 所示的山脊处实施。如果山脊的一面迎着风，另一面有一个较为陡峭的山背，那么风吹过山顶后空气将在山背处出现流动分离，上层快速流动的空气将在山背处产生回流，从而生成大区域的梯度风场环境。

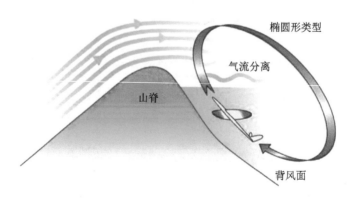

图 6-33　高速无动力动态滑翔示意图 [259]

采用动态滑翔的方式实现高速飞行已成为无线电遥控飞行的主流竞技项目。表 6-3 列出了飞行速度排名前十的动态滑翔选手和所用的飞行器名称。表中的数据来源于文献 [262]。截至 2012 年 12 月，高速无动力飞行的纪录由 Spencer Lisenby 创造，最高的飞行速度达 222.7m/s。

表 6-3 高速动态滑翔纪录

	操作手	地点	日期	风切变参考速度 /s^{-1}	飞行器最大升阻比	速度/(m/s)
1	Spencer Lisenby	Bird Springs	2012.3.6		Kinetic 100 DP	222.7
2	Gery Mazzola	Mount Kumeta	2012.10.27		Kumeta DS	211.5
3	Spencer Lisenby	Norco	2011.2.2	30.4[260]	Kinetic 100 DP	209.3
4	Bruce Tebo	Weldon	2011.4.24		Kinetic 100 DP	204.8
5	John Buxton	Weldon	2010.5.21	22.4[261]	Kinetic 100 DP	199.0
6	Joe Manor	Mars Hill	2012.5.23		Dynamic 130	199.0
7	Jason Lilly	Weldon	2011.3.7		Kinetic 100 DP	191.0
8	Chris Bosley	Norco	2011.2.2	30.4[260]	Kinetic 100 DP	181.1
9	Marlan Muir	Weldon	2010.5.12		Kinetic 100 DP	179.8
10	Sean Moloney	Weldon	2011.4.13		Deepend	177.5

对于研究高速无动力飞行的人们来说，始终有一个理论问题困扰着他们，那就是动态滑翔使飞行器能达到的速度上限是多少？该问题可以从公式 (6.21) 中找到答案。对于椭圆形飞行航迹，当梯度风强度很大而飞行速度又相对较快时，如 6.2 节所讨论，可以将飞行的飞行轨迹视为 Rayleigh 环。飞行器每飞行一个 Rayleigh 环，速度就会增大，相应地，动态滑翔效率 η_{DS} 就会降低。当 η_{DS} 降为零时，飞行器就达到了动态滑翔的最大速度 V_{max}。令公式 (6.21) 等于零可得

$$V_{max} = \frac{1}{\pi}\frac{C_L}{C_D}\Delta V_{wind}\sin\mu \tag{6.76}$$

在山脊背面进行高速动态滑翔时，由于梯度风强度比较大且飞行器飞行速度快，可以将山顶上测得的风速近似为公式 (6.76) 中的阶跃梯度风强度 ΔV_{wind}。由此可得飞行器所能到达的最大速度是飞行器升阻比 C_L/C_D 和山顶风速 (即阶跃梯度风强度)ΔV_{wind} 的函数。按照公式 (6.76)，图 6-34 显示了滑翔飞行器在动态滑翔中可能达到的最大速度。由于在公开文献中查不到 Kinetic 100 DP 的升阻比参数，因此很难对该类滑翔机可能达到的最大动态滑翔速度进行预测，但是可以确定，当山顶风速为 ΔV_{wind}=30.4m/s 时，如果该滑翔机的最大升阻比分别为 25 和 30 时，其所能达到的最大速度分别为 246.7 m/s 和 296m/s。

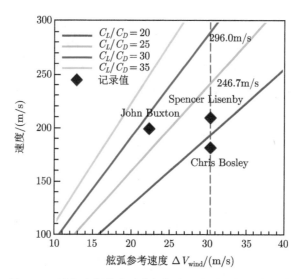

图 6-34 滑翔飞行器在动态滑翔中可能达到的最大速度

2. 长航时无动力飞行

自然界中，最常见的动态滑翔方式就是信天翁所采用的长航时无动力飞行。长航时无动力飞行所采用的弯曲形动态滑翔航迹，有大量研究者对该类型问题进行了研究 [62,75,76]。图 6-35 显示了信天翁采用动态滑翔方式进行长航时飞行时的典型航迹。

图 6-35(a) 显示的是信天翁连续 6d 飞行的大尺度航迹，总距离约 4850km，平均每天飞行距离 808km。而整个航程中，信天翁的飞行轨迹都是由如图 6-35(b) 中所显示的不断重复的小尺度弯曲航迹所组成。图 6-35(b) 是信天翁在 14min 内所飞行的 4.5km 航迹。图 6-35(a) 和 (b) 都是由 GPS 的 1Hz 粗精度数据绘制而成，将这其中的一段再进行放大，就可以得到图 6-35(c) 所示的一个动态滑翔周期内的典型弯曲形航迹。图 6-35(c) 由 GPS 的 10Hz 细精度数据绘制而成。从图 6-35(c) 中可以清晰地看出，信天翁弯曲形动态滑翔航迹可以分为典型的四段，即：①逆风爬升段；②高空转弯段；③顺风下降段；④低空转弯段。

这种在梯度风中的机动方式可应用于无人机，以提高无人机在侦查、监视等任务时的长航时能力。可以预见，随着无人飞行器自动驾驶仪技术的发展，当无人机能够进行自主动态滑翔时，无人机在梯度风场环境中的长航时能力会有质的飞跃。

3. 利用梯度风发电

既然飞行器可以从梯度风中提取能量以增加自身的速度或高度，那么自然也可以将所提取的这部分能量用于发电。Barnes 和 Maccready[173] 最先对这类问题进行了研究，并设计了一种专门用于从梯度风中获取能量并发电的飞行器，将其命名为再生滑翔飞行器 (regenerative soaring aircraft)，如图 6-36 所示。

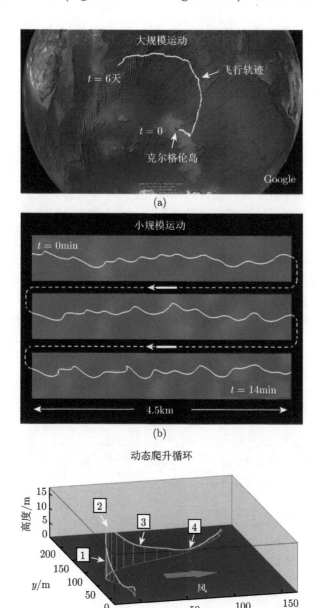

图 6-35 信天翁长航时无动力飞行时的典型动态滑翔航迹 [249]

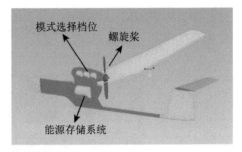

图 6-36　再生滑翔飞行器示意图

　　相比于常规飞行器,该飞行器最大的特点是在其顶部集成了一个风车 (wind-mill) 和能源存储装置。该风车具有两种功能模式:推力模式和发电模式。当环境中的梯度风比较小或者不存在时,该风车工作在推力模式上,就和常规的飞行器一样,由机载能源向该风车供电以产生推力。当环境中梯度风比较大,足以维持无动力飞行时,该风车工作在发电模式上,此时,该风车通过转动产生电能并将其存储在能源存储装置中。这样飞行器就能在有梯度风时采用动态滑翔飞行并产生电能,在没有梯度风时利用所存储的电能继续飞行,从而提高飞行器的续航能力。

　　Bower[248] 更进一步,将该类采用梯度风发电的原理与太阳能飞行器相结合,提出了如图 6-37 所示的飞行器功率模式。

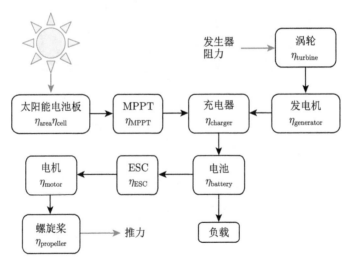

图 6-37　梯度风发电原理与太阳能相结合的飞行器功率模式

　　按照该模式,飞行器可以获得更为持久的续航能力。这也是未来小型太阳能飞行器发展的一个重要方向。

6.5.2 面临的挑战

总的来说,自 Rayleigh 在 1883 年观察到动态滑翔现象并开始研究算起,至今已经过去将近 130 年了 [58],但是该方法在飞行器中的应用依然不很成熟。这种不成熟表现在两个方面:一方面是用于动态滑翔的无人机的结构;另一方面则是无人机的自主导航和控制技术距离自主动态滑翔的要求还有距离。这也是未来动态滑翔在无人机领域所面临的主要挑战。下面分别对这两个挑战进行叙述。

1. 无人机结构材料

当飞行器利用动态滑翔实现高速无动力飞行时,作用在飞行器上的升力大约是重力的 30~50 倍 [17]。所以对于该类飞行器,在机身和机翼上进行结构增强非常关键,多数滑翔机在进行高速无动力飞行时都是因为机翼折断而不得不终止比赛。正因为如此,表 6-3 中所列出的创造纪录的滑翔机的机身和机翼都是由高强度的复合材料制作的 [264]。但是对于使用了该类结构材料的飞行器,在铺装太阳能电池后,如何保证飞行器的高结构强度,是未来飞行器发展的一个关键问题。

尽管高结构强度是无人机高速动态滑翔的一个关键技术,Lentink 的研究结果却显示,鸟类在依靠动态滑翔进行长航时飞行时,其翅膀的形状和大小都是在持续变化的,并通过这种翼变形获得较好的气动性能。当雨燕采用合适的后掠角飞行时与巡航时的飞行姿态相比较可降低一半的下降速度 [265]。这也就意味着对于飞行器而言,柔性的可变型机翼对于有效地从梯度风中获取能量是有益的。如何在对飞行器结构强度的要求和可变型机翼的高效气动性能之间寻找到平衡点并用于飞行器的设计,是未来无人机设计团队面临的一个巨大挑战。

2. 自主导航与控制

许多研究者都提出:对于自主飞行的无人机来说,将动态滑翔技术应用于飞行过程是提高飞行航时和速度的有效手段 [266,267]。现有的数值仿真和遥控飞行试验结果也显示出这一应用的光明前景 [75,89]。

但是,目前通过最优控制理论设计出的动态滑翔航迹还无法直接应用于无人机的自主导航与控制过程中,因为该算法依赖大型数值计算软件的长时间求解,对于机载自动驾驶仪来说还无法做到实时运算。同时,对于给定的动态滑翔航迹,如何有效地进行导航和控制,也是目前无人机设计团队面临的一个难题。因此,直到现在,可用于自主动态滑翔飞行的自驾仪依然没有研制出来。在这方面,还需要做大量的研究工作以实现在有限环境信息和计算量条件下的无人机动态滑翔飞行的自主导航与控制 [63,268-271]。

6.6　本　章　小　结

本章对梯度风动态滑翔技术在无人飞行器长航时飞行中所遇到的应用问题进行了系统分析和总结。分别分析了不同动态滑翔类型下，无人飞行器从梯度风中提取能量的效率问题、未知环境下飞行器对梯度风场的实时估计问题和梯度风对高空长航时飞行的影响问题。最后对动态滑翔在无人飞行器中的应用前景和挑战进行了归纳和总结，得到如下几点结论。

第一，通过对常值梯度风条件下的四种动态滑翔航迹类型以及能量转化过程的讨论和研究，数值仿真结果显示，在相同的条件下，弯曲形动态滑翔航迹的周期普遍短于椭圆形动态滑翔航迹。不同的动态滑翔类型所对应的能量获取效率并不相同，对于弯曲形动态滑翔航迹，将从梯度风中获取的富余能量存储在动能中比存储在重力势能中要更有利，而对于椭圆形动态滑翔航迹，将从梯度风中获取的富余能量存储在重力势能中比存储在动能中更有利。

第二，通过将环境中梯度风强度参数视为飞行器动力学模型中待估参数的形式，利用粒子滤波算法对飞行环境中的梯度风强度参数进行了估计。结果显示，无论是常值还是变化的梯度风强度参数，所设计的粒子滤波算法框架都可以准确、可靠地得到梯度风强度参数的估计值。这说明，所提出的粒子滤波算法框架对梯度风强度参数进行实时估计的问题是有吸引力的。但是由于一个动态滑翔周期只有大约 20s 的时间。因此，目前而言，如何减少粒子滤波算法的运算量使其适合于在机载自驾仪上使用，依然是急需解决的问题。

第三，系统地研究了梯度风对高空长航时飞行器航时性能的影响问题。仿真结果显示：当梯度风强度为 $0.05 < \beta < 0.1$ 时，在爬升阶段，从梯度风中所获取的能量能够补偿飞行器爬升过程中阻力所消耗能量的 $12\% \sim 25\%$；在滑翔阶段，可以补偿飞行器阻力所消耗能量的 $10\% \sim 20\%$。这对于补偿飞行器阻力消耗的能量来说是非常可观的。同时也说明，如果高空中的梯度风场能够得到合理的利用将对太阳能飞行器的高空长航时飞行带来积极的影响。

第四，通过对动态滑翔的应用与挑战进行总结可以看出：尽管目前通过自主导航与控制的方式从梯度风中获取能量还面临着诸多挑战，但该技术依然被视为未来为无人机飞行器提供能量的有效途径之一，尤其是在一些特殊的环境中进行长航时飞行时。梯度风在海平面附近和高空大气中分布广泛，其中蕴含的能量巨大。可以预期，随着无人飞行器技术的发展，从梯度风中提取能量具有光明的前景。无人机可以通过该方式实现高速、长航时无动力飞行或者是发电，这将使无人机的续航能力实现质的飞跃。

参 考 文 献

[1] Baldock N, Dehghan M M R. A study of solar-powered, high-altitude unmanned aerial vehicles [J]. Aircraft Engineering and Aerospace Technology, 2006, 78 (3): 187-193.

[2] Guo Z, Chen X K, Hou Z X. Development of a solar electric powered UAV for long endurance flight [C]. 11th AIAA Aviation Technology, Integration, and Operations Conference, Virginia Beach, 2011.

[3] Noll T E, Ishmeal S D, Henwood B. Technical findings, lessions learned, and recommendations resulting from the Helios prototype vehicle mishap [J]. UAV Design Process/Design Crieria for Structures, 2007: 3-4.

[4] Noll T E, Brown J M, Perez-Davis M E, et al. Investigation of the Helios protype aircraft mishap [R]. NASA Langley Research Center, 2004.

[5] Rapinett A. Zephyr: a high altitude long endurance unmanned air vehicle [D]. Guildford University of Surrey, 2009.

[6] Zephyr high altitude long endurance unmanned aerial vehicle[EB/OL]. http: //www. QinetiQ.com. [2012.12.31].

[7] Vulture II Program Background Information[EB/OL]. http: //www.fedbizopps.gov. [2012.12.31].

[8] Romeo G, Frulla G, Cestino E. Design of a high-altitude long-endurance solar-powered unmanned air vehichle for multi-payload and operations [J]. Journal of Aerospace Engineering, 2007, 221: 199-216.

[9] Noth A, Siegwart R, Engel W. Design of solar powered airplanes for continuous flight [J]. Aircraft and Spacecraft Systems: Design, Modeling and Control, 2007.

[10] Noth A. Design of solar powered airplanes for continuous flight [D]. Switzerland: ETH Zurich, 2008.

[11] Shiau J K, Ma D M, Yang P Y, et al. Design of a solar power management system for an experimental UAV [J]. IEEE Transactions on Aerospace and Electronic Systems, 2009, 45 (4): 1350-1360.

[12] Chin C K. Extending the endurance, missions and capabilities of most UAVs using advanced flexible/ridged solar cells and new high power density batteries technology [D]. Monterey: Naval Postgraduate School, 2011.

[13] Noth A, Engel M W, Siegwart R. Flying solo and solar to mars-global design of a solar autonomous airplane [J]. IEEE Robotics & Automation Magazine, 2006, 13(3): 44-52.

[14] Shiau J K, Ma D M, Chiu C W. Optimal sizing and cruise speed determination for a solar-powered airplane [J]. Journal of Aircraft, 2010, 47 (2): 622-629.

[15] Dynamic soaring plane adores radio control [EB/OL]. http://www.escuadron69.net/ v20/foro/index.php?/topic/50675-dynamic-soaring-planeadores-radio-control-a-700kmh/. [2012.12.31].

[16] Croxall J P, Silk J R D, Phillips R A, et al. Global circumnavigations: tracking year-round ranges of nonbreeding albatrosses [J]. Science, 2005, 307 (1): 249-251.

[17] Richardson P L. How do albatrosses fly around the world without flapping their wings? [J]. Progress in Oceanography, 2011, 88: 46-58.

[18] Pennycuick C J. The concept of energy height in animal locomotion: separating mechanics from physiology [J]. Journal of Theoretical Biology, 2003, 224: 189.

[19] Schenkman L. The secret to soaring [J]. Science, 2010, 330: 737.

[20] Noll T E, Brown J M, Perez-davis M E, et al. Investigation of the Helios prototype aircraft mishap report[R]. NASA Langley Research Center, 2004.

[21] Helios solar/fuel cell aircraft crashes[EB/OL]. http: //dx.doi.org/10.1016/s1464-2859 (03)00814-9.

[22] Qineti Q. Solar aircraft achieves longest unmanned flight[EB/OL]. http: //www.reinforcedplastics. com/view/11368/zephyr-solar-aircraft-achieves-longest-unmanned-flight/.

[23] Piccard B. Prototype solar-powered aircraft unveiled [J]. Reinforced Plastics, 2009, (5): 5.

[24] Romeo G, Frulla G, Cestino E, et al. HELIPLAT: design, aerodynamic, structural analysis of long-endurance solar-powered stratospheric platform [J]. Analysis, 2004, 41 (6): 1505-1520.

[25] Hartney C J. Conceptual design of a model solar-powered unmanned aerial vehicle[C]. 50th AIAA Aerospace Sciences Meeting Including the New Horizons Forum and Aerospace Exposition, Nashville, Tennessee, 2012.

[26] Noth A. Design of solar powered airplanes for continuous flight [D]. Suisse: Ingenieur-en Microtechnique Ecole Polytechnique Federale de Lausanne, 2008.

[27] Colozza A, Landis G A, Ratio W A. Long duration solar flight on venus [J]. AIAA: Infotech at Aerospace, Arlington, Virginia, 2005: 7156.

[28] Coverdill A J. Vernal migratory behavior in captive white-crowned sparrows [D]. Seattle: University of Washington, 2008.

[29] Moore R. Biogeographic and experimental evidence for local scale dispersal limitation in central panamanian forest birds [D]. Corvallis: Oregon State University, 2005.

[30] Johnson A B, Winker K. Autumn stopover near the gulf of honduras by nearctic-neotropic migrants [J]. The Wilson Journal of Ornithology, 2008, 120 (2): 277.

[31] Shaw D W, Winker K. Spring stopover and refueling among migrant passerines in the sierra de los tuxtlas, veracruz, mexico [J]. Wilson Journal of Ornithology, 2011, 123 (3): 575.

[32] Willis D, Lowell M. Energetically optimal short-range gliding trajectories for gliding animals [J]. AIAA Journal, 2011, 49 (12): 2650-2657.

[33] Muijres F T, Henningsson P, Stuiver M, et al. Aerodynamic flight performance in flap-gliding birds and bats [J]. Journal of Theoretical Biology, 2012, 306: 120.

[34] Vrugt J A, Belle J V, Bouten W. Pareto front analysis of flight time and energy use in long-distance bird migration [J]. J. Avian Biol., 2007, 38: 432.

[35] Klesh A T, Kabamba P T. Solar-powered aircraft: energy-optimal path planning and perpetual endurance [J]. Journal of Guidance, Control, and Dynamics, 2009, 32 (4): 1320-1329.

[36] Klesh A T, Kabamba P T. Energy-optimal path planing for solar-powered aircraft in level flight [C]. AIAA Guaidance, Navigation and Control Conference and Exhibit, Hilton Head, South Carolina, 2007.

[37] Klesh A T, Kabamba P T. Solar-powered aircraft: energy-optimal path planning and perpetual endurance [J]. Journal of Guidance, Control, and Dynamics, 2009, 32 (4): 1320.

[38] Klesh A T, Kabamba P T, Arbor A. Energy-optimal path planning for solar-powered aircraft in level flight[C]. AIAA guidance, Navigation and Conference and Exhibit, HIlton Head, South Carollna, 2007: 6655.

[39] Spangelo S C, Gilbert E G. Power optimization of solar-powered aircraft with specified closed ground tracks [J]. Journal of Aircraft, 2013, 50 (1): 232.

[40] Ma D M, Shiau J K, Su Y J, et al. Optimal level turn of solar-powered unmanned aerial vehicle flying in atmosphere [J]. Journal of Aircraft, 2010, 33 (5): 1347-1356.

[41] Sachs G, Lenz J, Holzapfel F. Unlimited endurance performance of solar UAVs with minimal or zero electric energy storage[C]. AIAA Guidance, Navigation, and Control Conference, Chicago, Illnois, 2009: 6013.

[42] Altman A. A parametric study on design variables effecting HALE UAV aircraft design for a conventional configuration [C]. AIAA's 1st Technical Conference and Workshop on UAV, Portsmouth, Virginia, 2002.

[43] Sachs G, Lenz J, Holzapfel F. Periodic optimal control for solar aircraft with unlimited endurance capability[C]. AIAA Atmospheric Flight Mechanics Conference and Exhibit, Honolulu, Hawaii, 2008.

[44] Navalertporn T, Afzulpurkar N V. Optimization of tile manufacturing process using particle swarm optimization [J]. Swarm and Evolutionary Computation, 2011, 1: 97-109.

[45] Gomes H M. Truss optimization with dynamic constraints using a particle swarm algorithm [J]. Expert Systems with Applications, 2011, 38: 957-968.

[46] Dogan E, Saka M P. Optimum design of unbraced steel frames to LRFD-AISC using particle swarm optimizaiton [J]. Advances in Engineering Software, 2012, 46: 27-34.

[47] Karimi J, Pourtakdoust S H. Optimal maneuver-based motion planning over terrain and threats using a dynamic hybrid PSO algorithm [J]. Aerosp. Sci. Technol., 2012, 26(1): 60-71.

[48] Fu Y G, Ding M Y, Zhou C P. Phase angle-encoded and quantum-behaved particle

swarm optimization applied to three-dimensional route planning for UAV [J]. IEEE transactions on Systems, Man, and Cybernetics—Part A: Systems and Humans, 2012, 42 (2): 511-527.

[49] Guo T D, Jiang F H, Li J F. Homotopic approach and pseudospectral method applied jointly to low thrust trajectory optimization [J]. Acta Astronautica, 2012, 71: 38-50.

[50] Shi Y Y, Xu M, Wang Z M. Constrained trajectory optimization for hypersonic unpowered glider in nearspace using Gauss pseudospectral method [C]. International Conference on Electronic & Mechanical Engineering and Information Technology, Beijing, China, 2011.

[51] Garg D, Hager W W, Rao A V. Pseudospectral methods for solving infinite-horizon optimal control problems [J]. Automatica, 2011, 47: 829-837.

[52] Tian B L, Zong Q. Optimal guidance for reentry vehicles based on indirect Legendre pseudospectral method [J]. Acta Astronautica, 2011, 68: 1176-1184.

[53] Garg D, Patterson M, Hager W W. A unified framework for the numerical solution of optimal control problems using pseudospectral methods [J]. Automatica, 2010, 46: 1843-1851.

[54] Hosseini M M. A modified pseudospectral method for numerical solution of ordinary differential equations systems [J]. Applied Mathematics and Computation, 2006, 176: 470-475.

[55] Roy A K. Calculation of the spiked harmonic oscillators through a generalized pseudospectral method [J]. Physics Letters A, 2004, 321: 231-238.

[56] Constantine P G, Eldred M S, Phipps E T. Sparse pseudospectral approximation method [J]. Comput. Methods Appl. Mech. Engrg., 2012, 229: 1-12.

[57] Rao A V, Benson D A, Darby C. Algorithm 902: GPOPS, a matlab software for solving multiple-phase optimal control problems using the Gauss pseudospectral method [J]. ACM Transaction on Mathematical Software, 2010, 37 (2): 22.

[58] Rayleigh J W S. The soaring of birds [J]. Nature, 1883, 27: 534-535.

[59] Warner E P. Soaring without rising currents [R].Technical Memorandum: National Adivsory Committee for Aeronautics, 1923.

[60] Weimerskirch H, Guionnet T, Martin J. Fast and fuel efficient? Optimal use of wind by flying albatrosses [J]. Proc. R. Soc. Lond. B, 2000, 267: 1869-1874.

[61] Mikael R, Anders H. Gliding flight in a jackdaw: a wind tunnel study [J]. The Journal of Experimental Biology, 2001, 204: 1153-1166.

[62] Zhao Y J. Optimal patterns of glider dynamic soaring [J]. Optimal Control Applications and Methods, 2004, 25: 67-89.

[63] Wharington J M. Heuristic control of dynamic soaring [C]. 5th Asian Control Conference, 2004.

[64] David J. Forever airborne [J]. Nature, 1994, 372 (11): 136.

[65] Langelaan J W, Roy N. Enabling new missions for robotic aircraft [J]. Science, 2009, 326: 1642-1644.

[66] Akhtar N, Whidborne J F, Cooke A K. Wind shear energy extraction using dynamic soaring techniques [C]. 47th AIAA Aerospace Sciences Meeting Including the Horizons Forum and Aerospace Exposition, Orlando Florida, 2009.

[67] Deittert M. Dynamic soaring flight in turbulence [C]. AIAA Guidance Navigation and Control Conference, Chicago Illinois, 2009.

[68] Edwards D J. Implementation details and flight test results of an autonomous soaring controller [C]. AIAA Guidance, Navigation and Control Conference and Exhibit, Honolulu, Hawaii, 2008.

[69] Gordon R J. Optimal dynamic soaring for full size sailplanes [D]. Ohio: Air University, 2006.

[70] Lawrance R J, Sukkarieh S. A guidance and control strategy for dynamic soaring with a gliding UAV [C]. 2009 IEEE International Conference on Robotics and Automation, Kobe, Japan, 2009.

[71] Sachs G, Casta O. Dynamic soaring in altitude region below jet streams [C]. AIAA Guidance, Navigation, and Control Conference and Exhibit, Keystone Colorado, 2006.

[72] Sachs G, Costa O. Optimization of dynamic soaring at ridges [C]. AIAA Atmospheric Flight Mechanics Conference and Exhibit, Austin Texas, 2003.

[73] Yang H, Zhao Y Y. A practical strategy of autonomous dynamic soaring for unmanned aerial vehicles in loiter missions [C]. AIAA Infotech Aerospace, Arlington Virginia, 2005.

[74] Turcker V A, Parrott G C. Aerodynamics of gliding flight in a falcon and other birds [J]. Journal of Experimental Biology, 1970, 52 (2): 345-367.

[75] Sahcs G. Minimum shear wind strength required for dynamic soaring of albatrosses [J]. British Ornithologists IBIS, 2005, 147: 1-10.

[76] Deittert M, Richards A, Toomer C A, et al. Engineless unmanned aerial vehicle propulsion by dynamic soaring [J]. Journal of Guidance, Control, and Dynamics, 2009, 32 (5): 1446-1457.

[77] Akhtar N, Whidborne J F, Cooke A K. Wind shear energy extraction using dynamic soaring techniques [C]. 47th AIAA Aerospace Sciences Meeting Including The New Horizons Forum and Aerospace Exposition, Orlando, Florida, 2009.

[78] Kahveci N E, Ioannou P A, Mirmirani M D. Adaptive LQ control with anti-windup augmentation to optimize UAV performance in autonomous soaring applications [J]. IEEE Transactions on Control Systems Technology, 2008, 16 (4): 691-707.

[79] Langelaan J W, Spletzer J, Montella C, et al. Wind field estimation for autonomous dynamic soaring [C]. 2012 IEEE International Conference on Robotics and Automation, RiverCentre, Saint Paul, Minnesota, USA, 2012.

[80] Lawrance N R J, Sukkarieh S. Autonomous exploration of a wind field with a gliding aircraft [J]. Journal of Guidance, Control, and Dynamics, 2011, 34 (3): 719-723.

[81] Akhtar N, Whidborne J F, Cooke A K. Wind shear energy extraction using dynamic soaring techniques[C]. 47th AIAA Aerospace Sciences Meeting Including The New Horizons Forum and Aerospace Exposition, Orlando, Florida, 2009: 734.

[82] Depenbusch N T. Atmospheric energy harvesting for small uninhabited aircraft by gust soaring [D]. Pennsylvania: The Pennsylvania State University, 2011.

[83] Grenestedt J L, Spletzer J R. Optimal energy extraction during dynamic jet stream soaring[C]. AIAA Guidance, Navigation, and Control Conference, Toronto, Ontario Canada, 2010.

[84] Chakrabarty A. Flight path planning of UAV based on atmospheric energy harvesting [D]. Pennsylvania: The Pennsylvania State University, 2010.

[85] Patel C K, Lee H T, Kroo I M. Extracting energy from atmospheric turbulence[C]. XXIX OSTIV Congress, Lusse-Berlin, Germany, 2008: 1.

[86] Grenestedt J L, Spletzer J R. Towards perpetual flight of a gliding unmanned aerial vehicle in the jet stream[C]. Proc. IEEE Conf. on Decision and Control, Atlanta, GA, 2010.

[87] Bencatel R, Souas J. Shear wind estimation[C]. AIAA Guidance, Navigation, and Control Conference, Portland, Oregon, 2011: 1.

[88] Langelaan J W, Alley N, Neidhoefer J. Wind field estimation for small unmanned aerial vehicles[C]. AIAA Guidance, Navigation and Control Conference, Toronto, Canada, 2010.

[89] Deittert M. Dynamic soaring flight in turbulence[C]. AIAA Guidance Navigation and Control Conference, Chicago Illinois, 2009, 6012: 1-14.

[90] Sachs G, Casta O. Dynamic soaring in altitude region below jet streams[C]. AIAA Guidance, Navigation, and Control Conference and Exhibit, Keystone Colorado, 2006, 6602: 1-12.

[91] Sachs G, Costa O. Optimization of dynamic soaring at ridges[C]. AIAA Atmospheric Flight Mechanics Conference and Exhibit, Austin Texas, 2003: 5303: 1-10.

[92] Langelaan J W, Spletzer J, Montella C, et al. Wind field estimation for autonomous dynamic soaring[C]. IEEE International Conference on Robotics and Automation, River-Centre, Saint Paul, Minnesota, USA, 2012: 16-22.

[93] Lawrance N R J, Sukkarieh S. Path planning for autonomous soaring flight in dynamic wind fields [J]. Robotics, 2011: 2499.

[94] Lawrance N R J. Autonomous soaring flight for unmanned aerial vehicles [D]. Sydney: The University of Sydney, 2011.

[95] Mulgund S S, Stengel R F. Optimal nonlinear estimation for aircraft flight control in wind shear [J]. Automatic, 1996, 32 (1): 3-13.

[96] Dutta P, Bhattacharya R. Hypersonic state estimation using the frobenius——perron operator [J]. Journal of Guidance, Control, and Dynamics, 2011, 34 (2): 325.

[97] Jensen K J. Generalized nonlinear complementary attitude filter [J]. Journal of Guidance, Control, and Dynamics, 2011, 34 (5): 1588.

[98] Kumar M, Chakravorty S, Introduction I. Nonlinear filter based on the fokker——planck equation [J]. Journal of Guidance, Control, and Dynamics, 2012, 35 (1): 68.

[99] Yang C. Particle filtering for attitude estimation using a minimal local-error represen-
      tation [J]. Journal of Guidance, Control, and Dynamics, 2010, 33 (4): 1305.

[100] Andrieu C, Doucet A. Particle filtering for partially observed Gaussian state space
      models [J]. Statist Society, 2002, 64 (4): 827-836.

[101] Yang X, Xing K, Shi K, et al. Joint state and parameter estimation in particle filtering
      and stochastic optimization [J]. Control Theory Appl, 2008, 6 (2): 215-220.

[102] Spall J C. Developments in stochastic optimization algorithms with gradient approxi-
      mations based on function measurements[C]. Proceedings of the 1994 Winter Simulation
      Conference, 1994: 207-214.

[103] Liu J, West M. Sequential Monte Carlo in Practice: Combined Parameter and State
      Estimation in Simulation-Based Filtering [M]. Springer-Verlag, 2001.

[104] Alvi O R. Development of solar powered aircraft for multipurpose application[C]. 51st
      AIAA/ASME/ASCE/AHS/ASC Structures, Structural Dynamics, and Materials Con-
      ference, Orlando, Florida, USA, 2010: 1.

[105] Fazelpour F, Vafaeipour M, Rahbari O, et al. Considerable parameters of using PV
      cells for solar-powered aircrafts [J]. Renewable and Sustainable Energy Reviews, 2013,
      22: 81.

[106] Rapinett A. Zephyr: a high altitude long eendurance unmanned air vehicle [D]. Guild-
      ford:University of Surrey, 2009.

[107] Speyer J L. High-altitude, solar-powered, formation-enhanced UAV development pro-
      gram[C]. AIAA Infotech @ Aerospace, Arlington, Virginia, 2005: 7165.

[108] Herwitz S R, Johnson L F, Arvesen J C, et al. Percision agriculture as a commercial
      application for s-powered unmanned aerial vehicles[C]. AIAA 1st Technical Conference
      and Workshop on Unmanned Aerospace Vehicles, Portsmouth, Virginia, 2002: 3404.

[109] Colozza A. Feasibility of a long duration solar powered aircraft on venus[C]. AIAA 2nd
      international Energy Conversion Engineering Conference, Providence, Rhode Island,
      2004: 5558.

[110] Landis G A, Lamarre C, Colozza A. Venus atmospheric exploration by solar aircraft
      [J]. Acta Astronautica, 2005, 56: 750.

[111] Noth A. History of Solar flight[EB/OL]. www.asl.ethz.ch/research/asl/skysailor/History
      _of_Solar_Flight.pdt. [2012.11.30].

[112] Stangl R, Luther J. An electrical model of the dye-sensitized solar cell [J]. Solar Energy
      Materials and Solar Cells, 1998, 53: 29.

[113] Green M A, Zhao J, Wang A, et al. Progress and outlook for high-e fficiency ciency
      crystalline silicon solar cells [J]. Solar Energy Materials & Solar Cells, 2001, 65: 9.

[114] Nijs J F, Szlufcik J, Poortmans S, et al. Advanced cost-effective crystalline silicon solar
      cell technologies [J]. Solar Energy Materials and Solar Cells, 2001, 65: 249.

[115] Willeke G P. Thin crystalline silicon solar cells [J]. Solar Energy Materials, 2002, 72:
      191.

[116] Mathew X, Enriquez J P, Romeo A, et al. CdTe / CdS solar cells on flexible substrates

[J]. Solar Energy, 2004, 77: 831.

[117] Wang Z S, Kawauchi H, Kashima T, et al. Significant influence of TiO₂ photoelectrode morphology on the energy conversion efficiency of N719 dye-sensitized solar cell [J]. 2004, 248: 1381.

[118] Yamaguchi T, Tobe N, Matsumoto D, et al. Solar energy materials & solar cells highly efficient plastic-substrate dye-sensitized solar cells with validated conversion efficiency of 7.6% [J]. Solar Energy Materials and Solar Cells, 2010, 94 (5): 812.

[119] Li M, Ji X, Li G, et al. Performance study of solar cell arrays based on a trough concentrating photovoltaic / thermal system [J]. Applied Energy, 2011, 88: 3218.

[120] Mishima T, Taguchi M, Sakata H, et al. Solar energy materials & solar cells development status of high-efficiency HIT solar cells [J]. Solar Energy Materials and Solar Cells, 2011, 95 (1): 18.

[121] Prathap P, Tuzun O, Madi D, et al. Solar energy materials & solar cells thin film silicon solar cells by AIC on foreign substrates [J]. Solar Energy Materials and Solar Cells, 2011, 95: S44.

[122] Ray B, Nair P R, Alam M A. Solar energy materials & solar cells annealing dependent performance of organic bulk-heterojunction solar cells: a theoretical perspective [J]. Solar Energy Materials and Solar Cells, 2011, 95 (12): 3287.

[123] Takeda Y, Motohiro T. Solar energy materials & solar cells highly efficient solar cells using hot carriers generated by two-step excitation [J]. Solar Energy Materials and Solar Cells, 2011, 95 (9): 2638.

[124] Tian H, Zhang J, Wang X, et al. Influence of capacitance characteristic on I-V measurement of dye-sensitized solar cells [J]. Measurement, 2011, 44 (9): 1551.

[125] Yahia I S, Yakuphanoglu F, Azim O A. Solar energy materials & solar cells unusual photocapacitance properties of a mono-crystalline silicon solar cell for optoelectronic applications [J]. Solar Energy Materials and Solar Cells, 2011, 95 (9): 2598.

[126] Abrams R, Gharghi M, Niv A, et al. Solar energy materials & solar cells theoretical efficiency of 3rd generation solar cells: comparison between carrier multiplication and down-conversion [J]. Solar Energy Materials and Solar Cells, 2012, 99: 308.

[127] Bugnon G, Haug F, Nicolay S, et al. Solar energy materials & solar cells experimental study of flat light-scattering substrates in thin-film silicon solar cells [J]. Solar Energy Materials, 2012, 101: 193.

[128] Chen H C, Lin C C, Han H V, et al. Solar energy materials & solar cells enhancement of power conversion efficiency in GaAs solar cells with dual-layer quantum dots using flexible PDMS film [J]. Solar Energy Materials and Solar Cells, 2012, 104: 92.

[129] Hassoun J, Kim J, Lee D J, et al. A contribution to the progress of high energy batteries: a metal-free, lithium-ion, silicon-sulfur battery [J]. Journal of Power Sources, 2012, 202: 308.

[130] Jeon B H, Yeon J H, Chung I J. Preparation and electrical properties of lithium-sulfur-composite polymer batteries [J]. Journal of Materials Processing Technology, 2003, 144:

93.

[131] Kim N I, Lee C B, Seo J M, et al. Correlation between positive-electrode morphology and sulfur utilization in lithium-sulfur battery [J]. Journal of Power Sources, 2004, 132: 209.

[132] Li Q, Chen W, Li Y, et al. Electrical power and energy systems energy management strategy for fuel cell / battery / ultracapacitor hybrid vehicle based on fuzzy logic [J]. Fuel Cell, 2012, 43: 514.

[133] Shah R, Mithulananthan N, Bansal R C. Damping performance analysis of battery energy storage system, ultracapacitor and shunt capacitor with large-scale photovoltaic plants [J]. Applied Energy, 2012, 96: 235.

[134] Yau H T, Liang Q C, Hsieh C T. Maximum power point tracking and optimal Li-ion battery charging control for photovoltaic charging system [J]. Computers and Mathematics with Applications, 2012, 64 (5): 822.

[135] Choi Y J, Kim K W, Ahn H J, et al. Improvement of cycle property of sulfur electrode for lithium / sulfur battery [J]. Journal of Alloys and Compounds, 2008, 449: 313.

[136] Padbury R, Zhang X. Lithium-oxygen batteries——limiting factors that affect performance [J]. Journal of Power Sources, 2011, 196: 4436.

[137] Zhang S S, Read J A. A new direction for the performance improvement of rechargeable lithium / sulfur batteries [J]. Journal of Power Sources, 2012, 200: 77.

[138] Zhang S S, Tran D T. Short communication a proof-of-concept lithium / sulfur liquid battery with exceptionally high capacity density [J]. Journal of Power Sources, 2012, 211: 169.

[139] Zhu X, Wen Z, Gu Z, et al. Electrochemical characterization and performance improvement of lithium / sulfur polymer batteries [J]. Journal of Power Sources, 2005, 139: 269.

[140] Harada K, Todaka T, Oshiro T, et al. Analysis of MPPT characteristics in photovoltaic power system [J]. Solar Energy Materials and Solar Cells, 1997, 47: 155.

[141] Hua C, Lin J. An on-line MPPT algorithm for rapidly changing illuminations of solar arrays [J]. Renewable Energy, 2003, 28: 1129.

[142] Barrado A, Salas V, Olias E, et al. Evaluation of a new maximum power point tracker (MPPT) applied to the photovoltaic stand-alone systems [J]. Solar Energy Materials, 2005, 87: 807.

[143] Chen W, Shen H, Shu B, et al. Evaluation of performance of MPPT devices in PV systems with storage batteries [J]. Renewable Energy, 2007, 32: 1611.

[144] Liu Y H, Huang J W. A fast and low cost analog maximum power point tracking method for low power photovoltaic systems [J]. Solar Energy, 2011, 85 (11): 2771.

[145] Nakamura S, Iwasa M, Directorate D, et al. Newton's method for fast speed MPPT of solar panel[C]. AIAA 9th Annual International Energy Conversion Engineering Conference, San Diego, California, 2011: 5654.

[146] Afs A. A genetic algorithm optimized ANN-based MPPT algorithm for a stand-alone

PV system with induction motor drive [J]. Solar Energy, 2012, 86: 2366.

[147]   Amrouche B, Guessoum A, Belhamel M. A simple behavioural model for solar module electric characteristics based on the first order system step response for MPPT study and comparison [J]. Applied Energy, 2012, 91 (1): 395.

[148]   Bennett T, Zilouchian A, Messenger R. A proposed maximum power point tracking algorithm based on a new testing standard [J]. Solar Energy, 2013, 89: 23.

[149]   Bhatnagar P, Nema R K. Maximum power point tracking control techniques: state-of-the-art in photovoltaic applications [J]. Renewable and Sustainable Energy Reviews, 2013, 23: 224.

[150]   Bouilouta A, Mellit A, Kalogirou S A. New MPPT method for stand-alone photovoltaic systems operating under partially shaded conditions [J]. Energy, 2013, 55: 1172-1185.

[151]   Irmak E, Güler N. Electrical power and energy systems application of a high efficient voltage regulation system with MPPT algorithm [J]. International Journal of Electrical Power and Energy Systems, 2013, 44 (1): 703.

[152]   Ishaque K, Salam Z. A review of maximum power point tracking techniques of PV system for uniform insolation and partial shading condition [J]. Renewable and Sustainable Energy Reviews, 2013, 19: 475.

[153]   Kuperman A, Averbukh M, Lineykin S. Maximum power point matching versus maximum power point tracking for solar generators [J]. Renewable and Sustainable Energy Reviews, 2013, 19: 11.

[154]   Reza A, Hassan M, Jamasb S. Classification and comparison of maximum power point tracking techniques for photovoltaic system: a review [J]. Renewable and Sustainable Energy Reviews, 2013, 19: 433.

[155]   Salam Z, Ahmed J, Merugu B S. The application of soft computing methods for MPPT of PV system: a technological and status review [J]. Applied Energy, 2013, 107: 135.

[156]   Lissaman P. Wind energy extraction by birds and flight vehicles [C]. 43rd AIAA Aerospace Sciences Meeting and Exhibit, Reno, Nevada, 2005.

[157]   Langelaan J W, Bramesfeld G. Gust energy extraction for mini- and micro- uninhabited aerial vehicles[C]. American Institute of Aeronautics and Astronautics 46th Aerosciences Conference, Reno Nevada, USA: 2008: 1-15.

[158]   Langelaan J W, Introduction I. Gust energy extraction for mini and micro uninhabited aerial vehicles [J]. Journal of Guidance, Control, and Dynamics, 2009, 32 (2): 464-473.

[159]   Sachs G, Lenz J, Holzapfel F. Periodic optimal control for solar aircraft with unlimited endurance capability[C]. AIAA Atmospheric Flight Mechanics Conference and Exhibit, Honolulu, Hawaii, 2008.

[160]   Gao X Z, Hou Z X, Guo Z, et al. Research on characteristics of gravitational gliding for high-altitude solar-powered unmanned aerial vehicles [J]. Proc. IMechE Part G: Journal of Aerospace Engineering, 2012, 227 (12): 1911-1923.

[161] Gao X Z, Hou Z X, Guo Z, et al. Energy management strategy for solar-powered high-altitude long-endurance aircraft [J]. Energy Conversion and Management, 2013, 70 (6): 20.

[162] Klöckner A, Schlabe D, Looye G. Integrated simulation models for high-altitude solar-powered aircraft[C]. AIAA Modeling and Simuation Technologies Conference, Minneapolls, Minnesota, 2012: 4717.

[163] Noth A, Bouabdallah S, Michaud S, et al. Sky-sailor design of an autonomous solar powered martian airplane[C]. 50th AIAA Aerospace Sciences Meeting including the New Horizons Forum and Aerospace Exposition, Noordwijk, Netherlands, 2004.

[164] Tsang K M, Chan W L. Model based rapid maximum power point tracking for photovoltaic systems [J]. Energy Conversion and Management, 2013, 70: 83.

[165] NREL. The best-research cell efficiencies chart [EB/OL]. http: //www.nrel.gov/ncpv/images/efficiency_chart.jpg.[2012.11.27].

[166] Parida B, Iniyan S, Goic R. A review of solar photovoltaic technologies [J]. Renewable and Sustainable Energy Reviews, 2011, 15 (3): 1625.

[167] Boucher R J. Sunrise, the world's first solar-powered airplane [J]. Journal of Aircraft, 1975, 22 (10): 840.

[168] Maccready P B, Lissaman P B S, Morgan W R. Sun-powered aircraft designs [J]. 1983, 20 (6): 487.

[169] Flittie K, Curtin B. Pathfinder solar-powr\ed aircraft flight performance [C]. 23rd Atmospheric Flight Mechanics Conference, U.S.A.,1998.

[170] Berry P. The sunriser—a design study in solar powered flight [C]. 2000 Word Aviation Conference, San Diega CA, 2000.

[171] Velev O A. Regenerative fuel cell system for an unmanned solar powered aircraft [C]. 35th Intersociety Energy Conversion Engineering Conference 24-28 July 2000 / Las Vegas, Nevada, Engineering Conference, 2000.

[172] Vironment A. Helios solar/fuel cell aircraft crashes [J]. Fuel Cells Bulletin, 2003, (8): 6.

[173] Qineti Q. Solar aircraft achieves longest unmanned flight [J]. Reinforced plastics, 2010, (5): 9.

[174] Cestino E. Design of solar high altitude long endurance aircraft for multi payload & operations [J]. Aerospace Science and Technology, 2006, 10: 541.

[175] Tschida T. Technician Marshall MacCready installs solar cells on the Helios Prototype[EB/OL]. http: //www.dfrc.nasa.gov/gallery/photo/index.html.[2011.12.20].

[176] Chen W, Bernal L P. Design and performance of low reynolds number airfoils for solar-powered flight[C]. AIAA 46th Aerospace Science Meeting and Exhibit, Reno, Nevada, 2008: 0316.

[177] Moriwaki K, Nomoto M, Yuuya S, et al. Solar energy materials & solar cells monolithically integrated flexible Cu (In, Ga) Se$_2$ solar cells and submodules using newly developed structure metal foil substrate with a dielectric layer [J]. Solar Energy Materials and Solar Cells, 2013, 112: 106.

[178] Colozza A, Colozza A J. AlAA 90-2000 preliminary design of a long-endurance mars aircraft[C]. 26th Joint Propulsion Conference for Permission to Copy or Republish, Contact the American Institute of Aeronautics and Astronautics, 2000.

[179] Seboldt W, Klimke M, Leipold M, et al. European sail tower SPS concept [J]. Acta Astronautica, 2001, 48: 785.

[180] Braun P V, Cho J, Pikul J H, et al. High power rechargeable batteries [J]. Current Opinion in Solid State & Materials Science, 2012, 16 (4): 186.

[181] Wikipedia. Rechargeable battery [EB/OL]. http: //en.wikipedia.org/wiki/Rechargeable_battery.[2011.12.20].

[182] Wikipedia. Lithium-ion battery[EB/OL]. http: //en.wikipedia.org/wiki/Lithium-ion_battery. [2011.12.20].

[183] De S, Northrop P W C, Ramadesigan V, et al. Model-based simultaneous optimization of multiple design parameters for lithium-ion batteries for maximization of energy density [J]. Journal of Power Sources, 2013, 227: 161.

[184] Langelaan J W, Chakrabarty A, Deng A, et al. Green flight challenge: aircraft design and flight planning for extreme fuel efficiency [J]. Energy, 2013, 50(3): 832-846.

[185] SionPower. Lithium sulfur rechargeable battery data sheet[EB/OL]. http: //sion-power.com/pdf/articles/LIS%20Spec%20Sheet%2010-3-08.pdf.[2011.12.20].

[186] SionPower. Sion Power Lithium Sulfur Batteries Soar to New Heights[EB/OL]. http:// sion-power.com/pdf/articles/SION%20Power-%20QinetiQ%20New%20Release% 20Final%20Version.pdf.[2011.12.20].

[187] Jeon B H, Yeon J H, Kim K M. Preparation and electrochemical properties of lithium-sulfur polymer batteries [J]. Journal of Power Sources, 2002, 109: 89.

[188] Sun J, Huang Y, Wang W, et al. Electrochimica acta application of gelatin as a binder for the sulfur cathode in lithium – sulfur batteries [J]. Electrochimica Acta, 2008, 53: 7084.

[189] Qiu L, Zhang S, Zhang L, et al. Electrochimica acta preparation and enhanced electrochemical properties of nano-sulfur / poly (pyrrole-co-aniline) cathode material for lithium / sulfur batteries [J]. Electrochimica Acta, 2010, 55 (15): 4632.

[190] Kolosnitsyn V S, Karaseva E V. Lithium-sulfur batteries: problem and solutions [J]. Russian Journal of Electrochemistry, 2008, 44: 506.

[191] Wang X, Shang J, Luo Z, et al. Reviews of power systems and environmental energy conversion for unmanned underwater vehicles [J]. Renewable and Sustainable Energy Reviews, 2012, 16 (4): 1958.

[192] Bégot S, Harel F, Candusso D, et al. Fuel cell climatic tests designed for new configured aircraft application [J]. Energy Conversion and Management, 2010, 51 (7): 1522.

[193] NASA[EB/OL]. http://www.nasa.gov/centers/dryden/news/FactSheets/FS-068-DFRC. html.[2011.12.20].

[194] Tschida T. Technicians for Aero Vironment, Inc., jack up a pressure tank to the wing of the Helios Protype solar-powered flying wing[EB/OL]. http: //www.dfrc.nasa.gov/

gallery/photo/ index.html.[2011.12.20].

[195] Noll T E, Ishmael S D, Henwood B, et al. Technical findings, lessons learned, and recommendations resulting from the Helios Prototype vehicle mishap [R].USA: NASA Langley Research Center, 2007.

[196] Noth A. History of solar flight[EB/OL]. www.sky-sailor.ethz.ch.[2011.12.20].

[197] Yu D R, Lv X W. Configurations analysis for high-altitude/long-endurance airship [J]. Aircraft Engineering and Aerospace Technology, 2010, 82 (1): 48-59.

[198] Liang X, Wen Z Y, Liu Y. New development of key materials for high-performance lithium-sulfur batteries [J]. Progress in Chemistry, 2011, 23 (2/3): 520-526.

[199] Dierks M, Hummel D. Local flow in the vicinity of an aircraft in gliding flight [J]. Aerosp. Sci. Technol, 2000, 4: 299-308.

[200] Romeo G, Frulla G. HELIPLAT ® : Aerodynamic and structural analysis of HAVE solar powered platform[C]. AIAA 1st Technical Conference and Workshop on Unmanned Aerospace Vehicles, Portsmouth, Virginia, 2003: 3504.

[201] Ma R, Liu P. Numerical simulation of low-reynolds-number and high-lift airfoil S1223[C]. Proceedings of the World Congress on Engineering, London, U.K.: July, 1-3, 2009.

[202] Guo Z, Chen X K, Hou Z X, et al. Development of a solar electric powered UAV for long endurance flight[C]. 11th AIAA Aviation Technology, Integration, and Operations (ATIO) Conference, Virginia Beach, USA, 2011.

[203] Selig M S, Donovan J F, Fraser D B. Airfoils at Low Speeds [M]. Virginia Beach, VA: H.A. Stokely, 1989.

[204] Aguiar P, Brett D J L, Brandon N P. Solid oxide fuel cell / gas turbine hybrid system analysis for high-altitude long-endurance unmanned aerial vehicles [J]. International Journal of Hydrogen Energy, 2008, 33 (23): 7214.

[205] Shiau J K. Design of a solar power management system for an experimental UAV [J]. IEEE Transactions on aerospace and Electronic Systems, 2009, 45 (4): 1350-1360.

[206] Khatib T, Mohamed A, Sopian K. A review of solar energy modeling techniques [J]. Renewable and Sustainable Energy Reviews, 2012, 16 (5): 2864.

[207] Simons M. Model Aircraft Aerodynamics [M]. London: Special Interest Model Books Ltd., 1999.

[208] Shi Y, Min X, Wang Z. Constrained trajectory optimization for hypersonic unpowered glider in near space using Gauss pseudospectral method [J]. Optimization, 2011, 7 (1): 3804.

[209] Luo J, Wang M, Yuan J. The legendre pseudospectral method for rapid lunar soft landing trajectory optimization [J]. Journal of Astronautics, 2007, 28: 1119-1122.

[210] Rao A V, Benson D, Huntington G T. A MATLAB software for solving multiple-phase optimal control problem using pseudospectral methods [M]. Florida: University of Florida Gainesville, 2010.

[211] Sun Y, Zhang M R. Optimal reentry range trajectory of hypersonic vehicle by Gauss pseudospectral method [C]. The 2nd International Conference on Intelligent Control

and Information Processing, 2011.

[212] Akos Z, Nagy M, Leven S, et al. Thermal soaring flight of birds and UAVs [J]. Bioin-spiration & Biomimetics, 2010, 5 (4): 045003.

[213] Gao X Z, Hou Z X, Guo Z, et al. The equivalence of gravitational potential and rechargeable battery for high-altitude long-endurance solar-powered aircraft on energy storage [J]. Energy Conversion and Management, 2013, 76: 986.

[214] Hu J, Wang Z Q, Qiao S J. The fitness evaluation strategy in particle swarm optimiza-tion [J]. Applied Mathematics and Computation, 2011, 217: 8655-8670.

[215] Mousa A A, El-Shorbagy M A, Abd-El-Wahed W F. Local search based hybrid partical swarm optimization algorithm for multiobjective optimization [J]. Swarm and Evolu-tionary Computation, 2012, 3: 1-14.

[216] Deepa S N, Sugumaran G. Model order formulation of a multivariable discrete system using a modified particle swarm optimization approach [J]. Swarm and Evolutionary Computation, 2011, 1: 204-212.

[217] El-Zonkoly A M. Optimal placement of multi-distributed generation units including different load models using particle swarm optimization [J]. Swarm and Evolutionary Computation, 2011, 1: 50-59.

[218] Sun Y, Zhang M R. Optimal reentry range trajectory of hypersonic vehicle by Gauss pseudospectral method[C]. The 2nd International Conference on Intelligent Control and Information Processing, 2011.

[219] Abdelkafi A, Krichen L. New strategy of pitch angle control for energy management of a wind farm [J]. Energy, 2011, 36 (3): 1470.

[220] Sorrentino M, Rizzo G, Arsie I. Control engineering practice analysis of a rule-based control strategy for on-board energy management of series hybrid vehicles [J]. Control Engineering Practice, 2011, 19 (12): 1433.

[221] Schouten N J, Salman M A, Kheir N A. Energy management strategies for parallel hybrid vehicles using fuzzy logic [J]. Control Engineering Practice, 2003, 11: 171.

[222] Feroldi D, Serra M, Riera J. Energy management strategies based on efficiency map for fuel cell hybrid vehicles [J]. Journal of Power Sources, 2009, 190: 387.

[223] Gao D, Jin Z, Lu Q. Energy management strategy based on fuzzy logic for a fuel cell hybrid bus [J]. Journal of Power Sources, 2008, 185: 311.

[224] Hui S, Lifu Y, Junqing J, et al. Control strategy of hydraulic / electric synergy sys-tem in heavy hybrid vehicles [J]. Energy Conversion and Management, 2011, 52 (1): 668.

[225] Zhang H, Davigny A, Colas F, et al. Fuzzy logic based energy management strategy for commercial buildings integrating photovoltaic and storage systems [J]. Energy & Buildings, 2012, 54: 196.

[226] Xu L F, Yang F Y, Li J Q, et al. Real time optimal energy management strategy target-ing at minimizing daily operation cost for a plug-in fuel cell city bus [J]. International Journal of Hydrogen Energy, 2012, 37(20): 15380-15392.

[227] Barelli L, Bidini G, Ottaviano A. Optimization of a PEMFC / battery pack power system for a bus application [J]. Applied Energy, 2012, 97: 777.

[228] Hannan M A, Azidin F A, Mohamed A. Multi-sources model and control algorithm of an energy management system for light electric vehicles [J]. Energy Conversion and Management, 2012, 62: 123.

[229] Al-rabghi O M, Akyurt M M. A survey of energy efficient strategies for effective air conditioning [J]. Energy Conversion and Management, 2004, 45: 1643.

[230] Ipsakis D, Voutetakis S, Seferlis P. Power management strategies for a stand-alone power system using renewable energy sources and hydrogen storage [J]. International Journal of Hydrogen Energy, 2009, 34 (16): 7081.

[231] Rydh C J, Sande A. Energy analysis of batteries in photovoltaic systems. Part I: performance and energy requirements [J]. Energy, 2005, 46: 1957.

[232] Tuzcu I, Marzocca P, Enrico C. Stability, control, and simulation of high-alititude-long-endrance UAVs [C]. 47th AIAA/ASME/ASCE/AHS/ASC Structures, Structural Dynamics, and Materials Con. Newport, Rhode Island, 2006.

[233] Goraj Z. Dynamics of a high altitude long endurance UAV [C]. ICAS Congress, England Harrogate, 2000.

[234] Goraj Z, Frydrychiewicz A, Winiecki J. Design concept of a high-altitude long-endurance unmanned aerial vehicle [J]. Aircraft Design, 1999, 2: 19.

[235] Dijakovic V. Perpetually inhuman: HB-SIA's flight cycle [EB/OL]. http: //www.solari-mpulse.com/timeline/view/6437.[2012.12.12].

[236] Rechargeable battery [EB/OL]. http: //en.m.wikipedia.org/wiki/Rechargeable_battery #section_2. [2012.12.12].

[237] Word I Q. Dynamic soaring - Definition [EB/OL]. http: //www.wordiq.com/definition/ Dynamic_soaring.[2012.12.12].

[238] Sukumar P P, Selig M S. Dynamic soaring of sailplanes over open fields[C]. 28th AIAA Applied Aerodynamics Conference Chicago, USA, 2010: 1-22.

[239] Akdag S A. Investigation of wind shear coefficients and their effect on electrical energy generation [J]. Applied Energy, 2011, 88: 4097.

[240] Shen X, Zhu X, Du Z. Wind turbine aerodynamics and loads control in wind shear flow [J]. Energy, 2011, 36 (3): 1424.

[241] Zhao Y J, Qi Y C. Minimum fuel powered dynamic soaring of unmanned aerial vehicles utilizing wind gradients [J]. Optimal Control Applications and Methods, 2004, 25: 211-233.

[242] Rehman S, Al-abbadi N M. Wind shear coefficient, turbulence intensity and wind power potential assessment for Dhulom, Saudi Arabia [J]. Renewable Energy, 2008, 33: 2653.

[243] Gualtieri G, Secci S. Wind shear coefficients, roughness length and energy yield over coastal locations in Southern Italy [J]. Renewable Energy, 2011, 36 (3): 1081.

[244] Rehman S, Al-abbadi N M. Wind shear coefficients and energy yield for Dhahran, Saudi

Arabia [J]. Renewable Energy, 2007, 32: 738.

[245] Rehman S. Wind shear coefficients and their effect on energy production [J]. Energy Conversion and Management, 2005, 46: 2578.

[246] Farrugia R N. The wind shear exponent in a Mediterranean island climate [J]. Renewable Energy, 2003, 28: 647.

[247] Sachs G, Bussotti P. Application of optimal control theory to dynamic soaring of seabirds [J]. Variational Analysis and Appls., 1996: 975-994.

[248] Bower G C. Boundary layer dynamic soaring for autonomous aircraft: design and validation [D]. USA: Stanford University, 2011.

[249] Sachs G, Traugott J, Nesterova A P, et al. Flying at no mechanical energy cost: disclosing the secret of wandering albatrosses [J]. PLoS ONE, 2012, 7 (9): e41449.

[250] Weimerskirch H, Bonadonna F, Omo G D. GPS Tracking of foraging albatrosses [J]. Science, 2002, 295(5558): 1259.

[251] Richardson P L. High-speed robotic albatross: unmanned aerial vehicle powered by dynamic soaring [J]. R/C Soaring Digest, 2012, 6: 4.

[252] Richardson P L. High-speed dynamic soaring [J]. R/C Soaring Digest, 2012, 4: 36.

[253] Shao X, Huang B, Lee J M. Constrained bayesian state estimation——a comparative study and a new particle filter based approach [J]. Journal of Process Control, 2010, 20 (2): 143.

[254] Olivier L E, Huang B, Craig I K. Dual particle filters for state and parameter estimation with application to a run-of-mine ore mill [J]. Journal of Process Control, 2012, 22 (4): 710.

[255] Chen T, Morris J, Martin E. Particle filters for state and parameter estimation in batch processes [J]. Journal of Process Control, 2005, 15: 665.

[256] Kwakernaak H, Sivan R. Linear Optimal Control Systems [M]. New York: Wiley-Interscience, 1972.

[257] Grenestedt J, Montella C, Spletzer J. Dynamic soaring in hurricanes [C]. Mechanical Engineering. 2011.

[258] Dynamic Soaring - how an RC glider can top 400mph[EB/OL]. http: //www.rc-airplane-world. com/dynamic-soaring.html.[2012.10.12].

[259] Slope soaring page [EB/OL]. http: //www.nimsa.co.uk/slope.htm.[2012.10.12].

[260] Spencer's World Record 468mph Kinetic100DP flight video!!![EB/OL]. http: //www. youtube. com/watch?annotation_id=annotation_508371&feature=iv&src_vid= By OB4luuvy4& v=rfoxjNg-eg0.[2012.10.12].

[261] How can a radio-controlled glider go 445 MPH? [EB/OL]. http: //www.rcgroups.com/ forums/ showthread.php?t=1248266.[2012.10.12].

[262] All the pilots we have on RCSpeeds[EB/OL]. http: //rcspeeds.com/aircraftspeeds.aspx. [2012.10.12].

[263] Sigler D. Dynamic and Regenerative Soaring - Perpetual energy in flight[EB/OL]. http: //blog. cafefoundation.org/?p=2851.[2012.10.12].

[264] Wikipedia. Dynamic soaring[EB/OL]. http: //en.wikipedia.org/wiki/Dynamic_soaring. [2012.10.12].

[265] Lentink D, Muller U K, Stamehuis E J, et al. How swifts control their glide performance with morphing wings [J]. Nature, 2007, 446 (26): 1082-1085.

[266] Ariff O K, Go T H. Dynamic soaring of small- scale UAVs using differential geometry[C]. Proceedings of International Bhurban Conference on Applied Sciences & Technology, Islamabad, Pakistan, 2010.

[267] Ariff O K, Go T H. Waypoint navigation of small-scale UAV incorporating dynamic soaring [J]. Journal of Navigation, 2011, 64 (1): 29-44.

[268] McGowan A R, Cox D E, Lazos B S, et al. Biologically-inspired technologies in NASA's morphing project [C]. Proceedings of SPIE: Smart Structures and Materials: Electroactive Polymer Actuators and Devices. 2003.

[269] Weimerskirch H A S. Albatross long-distance navigation: comparing adults and juveniles [J]. Journal of Navigation, 2005, 58(3): 365.

[270] Alerstam T. Conflicting evidence about long-distance animal navigation [J]. Science, 2006, 313 (8): 791-793.

[271] Depenbusch N T, Langelaan J W. Receding horizon control for atmospheric energy harvesting by small UAVs [C]. Guidance, Navigation and Controls Conference, 2010.